DUDEN

Mathematik 3

Arbeitsheft

Herausgegeben von
Joachim Becherer und Dr. Andrea Schulz

Erarbeitet von
Birgit Bartnick, Joachim Becherer,
Martin Gmeiner, Alfred Haas,
Hans J. Huschens, Jana Köppen,
Gabi Oelfin, Thomas Royar,
Dorothea Seth-Blendinger,
Dr. Andrea Schulz und Heike Wadehn

Duden Schulbuchverlag
Berlin, Mannheim

Inhaltsverzeichnis

Das kann ich schon

1 Das sind Ausschnitte aus der Hundertertafel. Ergänze die Zahlen.

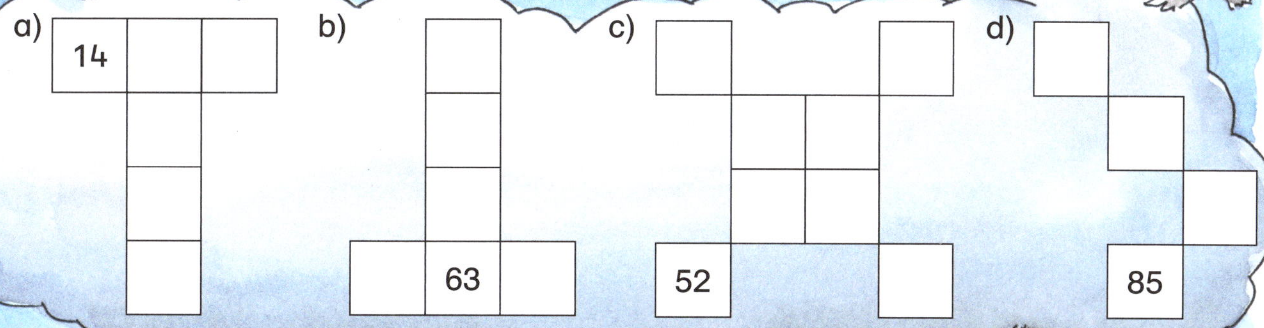

2 Setze fort.

a) 25, 30, 35, ____, ____, ____, ____, 60
24, 27, 30, ____, ____, ____, ____, 45
20, 29, 38, ____, ____, ____, ____, 83

b) 96, 93, 90, ____, ____, ____, ____, ____, 72
100, 96, 92, ____, ____, ____, ____, ____, 68
100, 91, 82, ____, ____, ____, ____, ____, 28

3

a) 78 + ___ = 80
54 + ___ = 60
23 + ___ = 30
61 + ___ = 70

b) 84 – ___ = 80
57 – ___ = 50
46 – ___ = 40
99 – ___ = 90

4

a) 93 + ___ = 100
83 + ___ = 100
73 + ___ = 100
63 + ___ = 100

b) 46 – ___ = 40
56 – ___ = 40
66 – ___ = 40
76 – ___ = 40

5 Schreibe die Aufgabe und die Tauschaufgabe.

________________ ________________ ________________ ________________
________________ ________________ ________________ ________________

6 Schreibe Aufgabenfamilien.

a)
___ · ___ = ___
___ · ___ = ___
___ : ___ = ___
___ : ___ = ___

b)
___ · ___ = ___
___ · ___ = ___
___ : ___ = ___
___ : ___ = ___

7 Rechne und setze fort.

a) 9 · 9 = ___
8 · 9 = ___
7 · 9 = ___
___ · ___ = ___

b) 4 · 4 = ___
4 · 5 = ___
4 · 6 = ___
___ · ___ = ___

c) 64 : 8 = ___
56 : 8 = ___
48 : 8 = ___
___ : ___ = ___

d) 70 : 7 = ___
63 : 7 = ___
56 : 7 = ___
___ : ___ = ___

Addieren bis 100

1 a) 30 + 30 = ____ b) 50 + 20 = ____ c) 20 + 60 = ____ d) 40 + 18 = ____

34 + 30 = ____ 50 + 28 = ____ 20 + 67 = ____ 42 + 18 = ____

34 + 36 = ____ 52 + 28 = ____ 23 + 67 = ____ 45 + 18 = ____

34 + 38 = ____ 52 + 29 = ____ 26 + 67 = ____ 48 + 18 = ____

(58), (60), (60), (63), (64), (66), (70), (70), (72), (78), (80), (80), (81), (87), (90), (93)

2 Wie rechnest du?

a) 22 + 24 = ____ b) 49 + 49 = ____ c) 44 + 39 = ____ d) 37 + 14 = ____

34 + 35 = ____ 39 + 39 = ____ 56 + 19 = ____ 75 + 17 = ____

44 + 45 = ____ 29 + 29 = ____ 53 + 29 = ____ 67 + 25 = ____

(46), (51), (58), (69), (75), (78), (82), (83), (89), (92), (92), (98)

3 a)

+	5	7	9
4			
14			
24			

b)

+	6	9	8
6			
26			
56			

4

+	8	38		
7			65	
		43		
8				86

5 Zerlege in zwei gleich große Zahlen.

a) 100 = ____ + ____ b) 90 = ____ + ____ c) 88 = ____ + ____ d) 32 = ____ + ____

80 = ____ + ____ 70 = ____ + ____ 64 = ____ + ____ 52 = ____ + ____

60 = ____ + ____ 50 = ____ + ____ 42 = ____ + ____ 72 = ____ + ____

6 a)

b)

c)

7 a)

b)

c)

Subtrahieren bis 100

1

a)	b)	c)	d)
80 – 8 = ____	96 – 30 = ____	78 – 34 = ____	68 – 22 = ____
80 – 18 = ____	96 – 60 = ____	74 – 34 = ____	68 – 24 = ____
80 – 30 = ____	96 – 64 = ____	72 – 34 = ____	68 – 28 = ____
80 – 38 = ____	96 – 84 = ____	70 – 34 = ____	68 – 29 = ____

(12), (32), (36), (36), (38), (39), (40), (40), (42), (44), (44), (46), (50), (62), (66), (72)

2 Wie rechnest du?

a)	b)	c)	d)
37 – 24 = ____	41 – 19 = ____	72 – 69 = ____	34 – 17 = ____
85 – 43 = ____	62 – 18 = ____	81 – 78 = ____	54 – 27 = ____
96 – 85 = ____	63 – 28 = ____	66 – 48 = ____	74 – 37 = ____

(3), (3), (11), (13), (17), (18), (22), (27), (35), (37), (42), (44)

3 Rechne weiter.

a)	b)	c)	d)
9 – 5 = ____	18 – 9 = ____	43 – 16 = ____	56 – 13 = ____
19 – 5 = ____	28 – 9 = ____	53 – 26 = ____	45 – 14 = ____
29 – ____ = ____	38 – 9 = ____	63 – ____ = ____	34 – 15 = ____
____ – ____ = ____	____ – ____ = ____	____ – ____ = ____	____ – ____ = ____

4

91 – 35

63 – 26

80 – 43

82 – 37

54 – 9

82 – 26

100 – 63

56 – 19

5

a)

Lösung: ____

b)

Lösung: ____

c)

Lösung: ____

Multiplizieren bis 100

1 a)

b)

c)

____ ____ ____

2 Löse mithilfe der Schlüsselaufgaben.

a) 6 · 8 = 5 · 8 + 1 · 8 = ____

b) 9 · 7 = ____ – ____ = ____

c) 7 · 4 = ____ ◯ ____ = ____

3

a) 2 · 3 = ____
4 · 3 = ____
8 · 3 = ____
10 · 3 = ____

b) 8 · 4 = ____
4 · 4 = ____
2 · 4 = ____
1 · 4 = ____

c) 5 · ____ = 15
5 · ____ = 30
5 · ____ = 45
5 · ____ = 50

d) 4 · ____ = 32
6 · ____ = 36
5 · ____ = 40
6 · ____ = 48

4 Vergleiche. Setze <, > oder = ein.

a) 3 · 4 ◯ 3 · 8
6 · 4 ◯ 4 · 6
2 · 8 ◯ 4 · 4
5 · 6 ◯ 10 · 3
7 · 8 ◯ 6 · 9

b) 1 · 1 ◯ 1 + 1
2 · 2 ◯ 2 + 2
3 · 3 ◯ 3 + 3
4 · 4 ◯ 4 + 4
9 · 9 ◯ 9 + 9

c) 4 · 5 ◯ 4 + 5
4 · 7 ◯ 30 – 3
8 · 8 ◯ 80 – 8
7 · 7 ◯ 70 – 20
6 · 6 ◯ 60 – 24

d) 4 · 8 ◯ 6 · 6
3 · 7 ◯ 2 · 8
5 · 5 ◯ 6 · 4
1 · 9 ◯ 0 · 10
4 · 5 ◯ 2 · 7

5 Wie viele Würfel? Rechne geschickt.

a)

b)

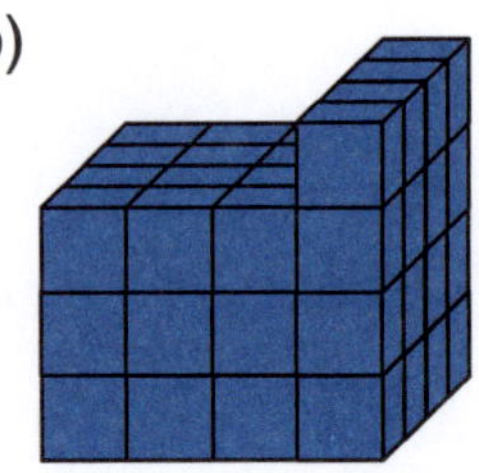

Dividieren mit und ohne Rest

1 Teile. Kontrolliere mit der Malaufgabe.

a) 24 : 6 = ___, denn 4 · 6 = ____
32 : 8 = ___, denn ___ · ___ = ____
64 : 8 = ___, denn ___ · ___ = ____
56 : 7 = ___, denn ___ · ___ = ____

b) 28 : 4 = ___, denn ___ · ___ = ____
63 : 9 = ___, denn ___ · ___ = ____
48 : 8 = ___, denn ___ · ___ = ____
49 : 7 = ___, denn ___ · ___ = ____

2 Ergänze die fehlenden Zahlen.

a) 18 : 6 = ___
24 : ___ = 8
____ : 5 = 6
____ : 9 = 5
72 : ___ = 8

b) 20 = 4 · ___
36 = 9 · ___
27 = 9 · ___
21 = 7 · ___
15 = 5 · ___

3 Vergleiche. Setze <, > oder = ein.

a) 27 : 3 ◯ 7
36 : 6 ◯ 7
49 : 7 ◯ 7
63 : 7 ◯ 7
64 : 8 ◯ 7

b) 80 : 8 ◯ 40 : 4
60 : 10 ◯ 30 : 5
48 : 6 ◯ 8 · 6
64 : 8 ◯ 7 · 8
81 : 9 ◯ 90 – 9

4 Wo bleibt ein Rest, wo bleibt kein Rest? Setze die Päckchen fort.

a) 12 : 4 = ______
14 : 4 = 3 R 2
16 : 4 = ______
18 : 4 = ______
____

b) 15 : 6 = ______
18 : 6 = ______
21 : 6 = ______
____
____

c) 36 : 4 = ______
37 : 4 = ______
38 : 4 = ______
____
____

5 30 Personen warten auf dem Bootsteg.

a) Wie viele Boote brauchen sie, wenn alle mit den Tretbooten fahren?

b) Wie viele Boote brauchen sie, wenn alle mit den Ruderbooten fahren?

6 a) Verteile 24 Spielkarten an 3 Kinder.

____

b) An wie viele Kinder können 36 € gerecht verteilt werden? Finde alle Möglichkeiten.

____

Bündeln und zählen

1 Welche Zahlen sind es? Schreibe sie in die Stellentafel.

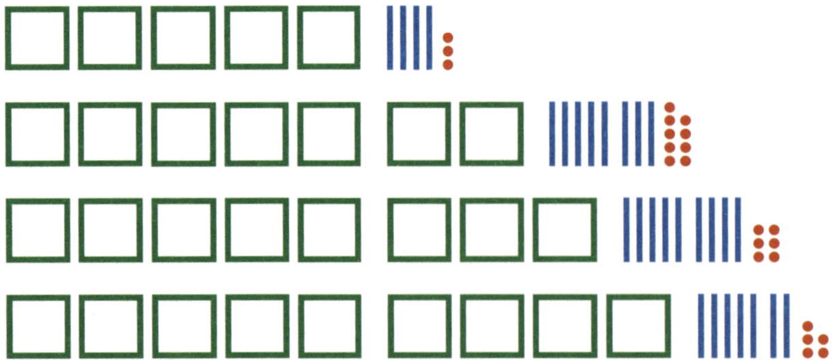

a)

H	Z	E
5		

Zahl: ______

b)

H	Z	E

Zahl: ______

c)

H	Z	E

Zahl: ______

d)

H	Z	E

Zahl: ______

2 Welche Zahlen sind es? Zeichne die Zahlbilder.

a)

H	Z	E
4	3	2

Zahl: ______

b)

H	Z	E
2	4	0

Zahl: ______

c)

H	Z	E
3	0	5

Zahl: ______

d)

H	Z	E
5	6	7

Zahl: ______

3 Schreibe zu jedem Kind die passende Zahl in die Stellentafel.

H	Z	E

Zahl: ______

H	Z	E
		7

Zahl: ______

H	Z	E

Zahl: ______

H	Z	E

Zahl: ______

Der Tausenderstreifen

1 Wie viele Punkte sind es?

a) 2 H + 7 Z + 5 E

_____ + 70 + ___

Zahl: 275

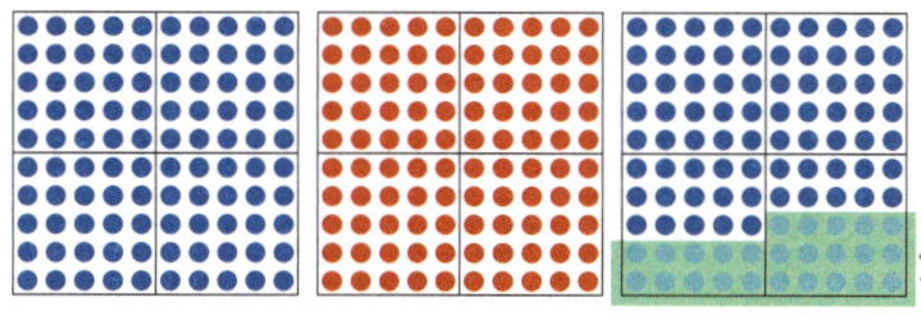

b) _____ + _____ + ___

_____ + _____ + ___

Zahl: _____

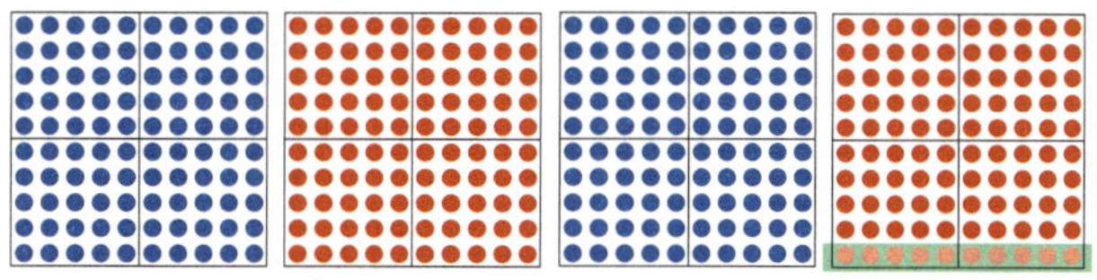

c) _____ + _____ + ___

_____ + _____ + ___

Zahl: _____

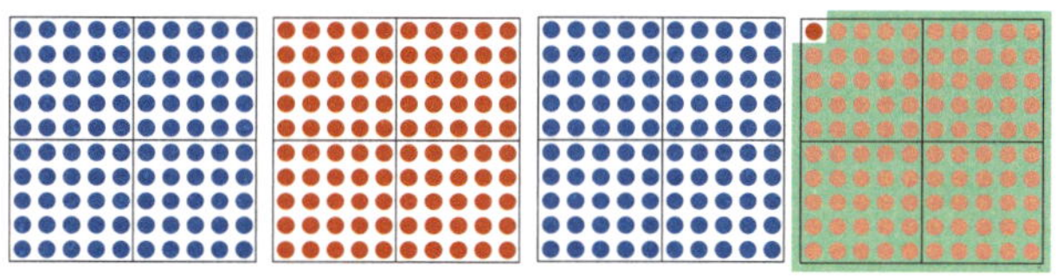

2 Zerlege die Zahlen in Hunderter, Zehner und Einer.

a) 745 = 700 + 40 + 5
574 = ____________
457 = ____________

b) 986 = ____________
698 = ____________
869 = ____________

c) 630 = ____________
306 = ____________
360 = ____________

3 Trage jeweils in die Stellentafel ein.

a)

	H	Z	E
9 H + 6 Z + 3 E			
300 + 40 + 5			

b)

	H	Z	E
3 E + 5 H + 4 Z			
50 + 400 + 6			

c)

	H	Z	E
4 E + 6 H + 2 Z			
9 + 80 + 700			

4 Finde die Zahlen unten im Feld und male sie an.

siebenhunderteins
sechshundertsechzig
dreihundertsechsundsiebzig
9H + 3Z + 8E
400 + 20
neunhundert
500 + 80 + 3
1H + 1Z + 8E
200 + 1

H	Z	E
8	0	9

1H
eintausend

666 900
606 109 990 583 538 201 102 908
673
660
810 367 180 376 118 818 240 420 402 890 809
110 107 710
389 938 983 100 980 98
1000 1001 701

Die Tausendertafel

1 Welche Zahlen gehören zu den Plättchen?

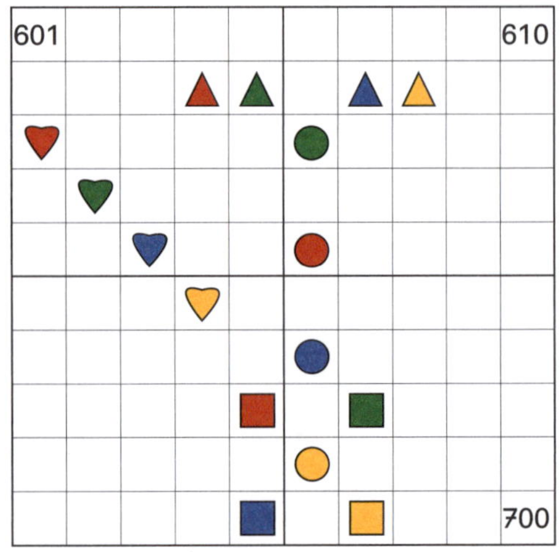

a) ▲ ____ ▲ ____ ▲ ____ ▲ ____

b) ● ____ ● ____ ● ____ ● ____

c) ■ ____ ■ ____ ■ ____ ■ ____

d) ♥ ____ ♥ ____ ♥ ____ ♥ ____

2 Das sind Ausschnitte aus der Tausendertafel. Ergänze die Zahlen.

a)

	234	

b)

	753	

c)

842	

d)

	978

3 Setze die Zahlenreihen fort.

a) 311, 312, 313, ____, ____, ____, ____, ____, ____, 320
b) 493, 483, 473, ____, ____, ____, ____, ____, ____, 403
c) 963, 863, 763, ____, ____, ____, ____, ____, ____, 63
d) 590, 585, 580, ____, ____, ____, ____, ____, ____, 545

4 Ergänze zum nächsten Hunderter.

a) 540 + ____ = 600
190 + ____ = 200
430 + ____ = ____
920 + ____ = ____
370 + ____ = ____

b) 225 + ____ = 300
878 + ____ = 900
312 + ____ = ____
202 + ____ = ____
777 + ____ = ____

5 Ergänze zu Eintausend.

400 + ____ = 1000
750 + ____ = 1000
860 + ____ = 1000
949 + ____ = 1000
631 + ____ = 1000

6 Finde zwei Zahlen, die in der Tausendertafel direkt untereinander stehen und zusammen

a) 218 ergeben

____ + ____ = 218

b) 990 ergeben

____ + ____ = 990

Zahlenstrich und Zahlenstrahl

1 Wo liegen die Zahlen ungefähr? Markiere am Zahlenstrich.

125, 150, 500, 625, 750

2 Setze die passenden Buchstaben in die Fähnchen ein.
Du erhältst ein Lösungswort.

B 410 | A 927 | L 707 | S 477 | M 461 | D 911 | M 744 | R 430 | P 875 | E 499 | E 785 | E 894 | L 944 | E 445 | A 729 | P 770

a)

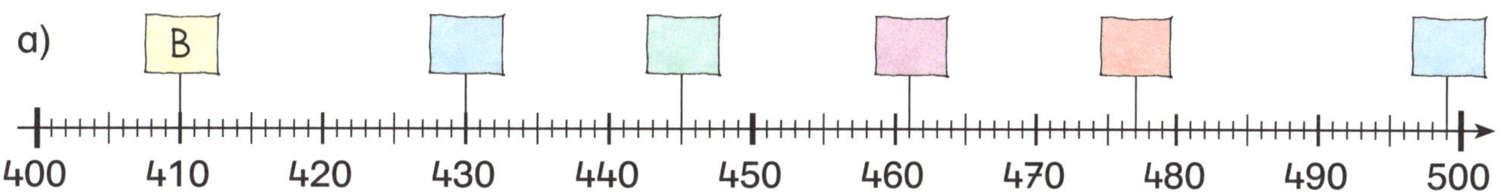

b)

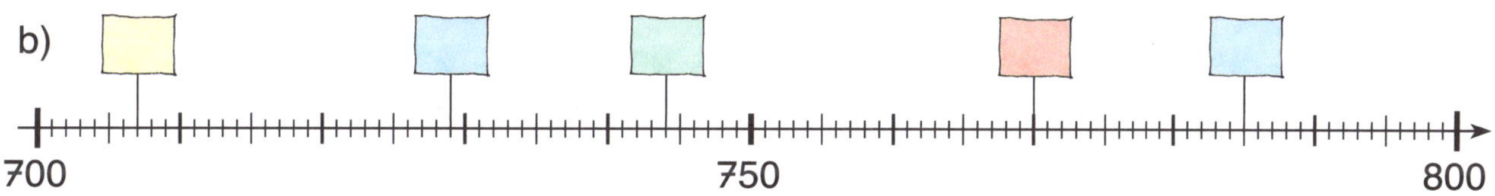

c)

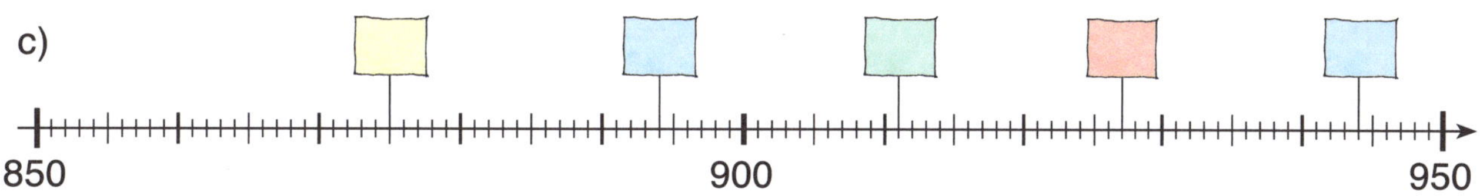

3 Vervollständige die Tabellen. Unterstreiche den Hunderter, der näher an der Zahl liegt.

a)

Nachbar-hunderter	Zahl	Nachbar-hunderter
<u>300</u>	340	400
	670	
	835	
	515	

b)

Nachbar-hunderter	Zahl	Nachbar-hunderter
700	87	
<u>800</u>	03	
	99	600
900	51	

4 Setze <, > oder = ein.

a) 560 ◯ 650
703 ◯ 730
920 ◯ 902
480 ◯ 804

b) 650 ◯ 600 + 50
809 ◯ 800 + 90
430 ◯ 400 + 3
711 ◯ 700 + 10 + 1

c) 340 + 5 ◯ 350 + 4
670 + 9 ◯ 600 + 79
700 + 4 ◯ 700 + 40
500 + 30 + 6 ◯ 506 + 30

Euro und Cent

1 Wie viel Euro sind es?

a)

b)

_____ €

_____ €

2 Welche Scheine können es sein? Finde verschiedene Möglichkeiten.

a) 100 | ☐ | ☐ | ☐ | ☐ — 200 €

b) ☐ | ☐ | ☐ | ☐ | ☐ | ☐ — 200 €

c) ☐ | ☐ | ☐ | ☐ | ☐ | ☐ — 200 €

3 Verdopple den Geldbetrag.

200 €	
500 €	
150 €	
320 €	

4 Halbiere den Geldbetrag.

800 €	
700 €	
260 €	
620 €	

5 Bezahle passend mit möglichst wenig Scheinen.

a)  430 € — 430 € = 200 € + __________

b)  780 € — __________

c)  965 € — __________

6 Ergänze.

a) 300 € = _____ + 100 €
600 € = 400 € + _____
900 € = _____ + 300 €

b) 840 € = 600 € + _____
420 € = _____ + 120 €
210 € = 150 € + _____

c) 975 € = _____ + 75 €
753 € = _____ + 3 €
531 € = 501 € + _____

Sachrechnen

1 Lies die Informationen und vervollständige das Schaubild.

Der Nager ist zurück.

Der Biber ist das größte europäische Nagetier. Wegen seines Felles wurde er stark gejagt. Durch strenge Schutzmaßnahmen hat sich die Anzahl wieder vergrößert. Inzwischen fühlt sich der Biber auch in vielen Gebieten in Deutschland wieder wohl.

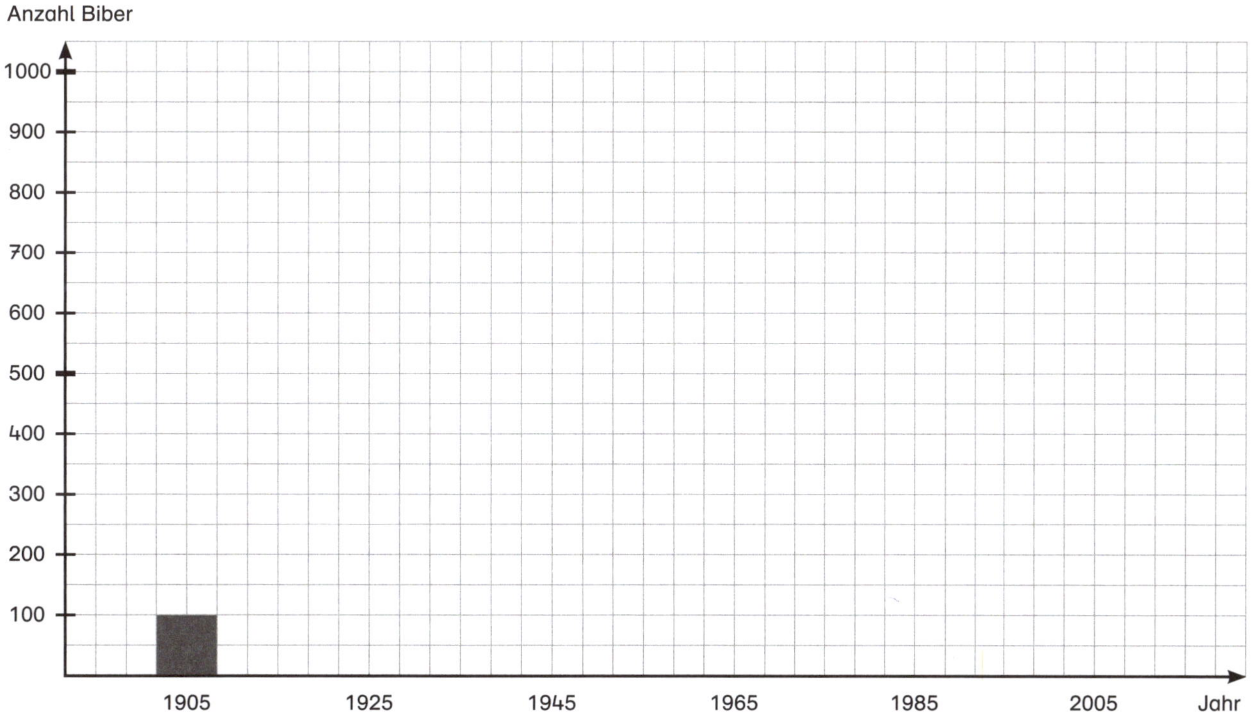

2 Verbinde so, dass richtige Aussagen entstehen. Überprüfe mithilfe des Schaubildes.

Zwischen 1905 und 1925 ...	... ist die Zahl um 300 gestiegen.
Zwischen 1925 und 1985 ...	... ist die Zahl um 700 gestiegen.
Zwischen 1965 und 1985 ...	... hat sich die Anzahl verdoppelt.
Innerhalb von 100 Jahren ...	... hat sich die Anzahl um das Vierfache vergrößert.
Zwischen 1905 und 1985 ...	... hat sich die Anzahl ungefähr verzehnfacht.

Geometrie: Körper und Körpernetze

Körper und ihre Eigenschaften

1 Verbinde.

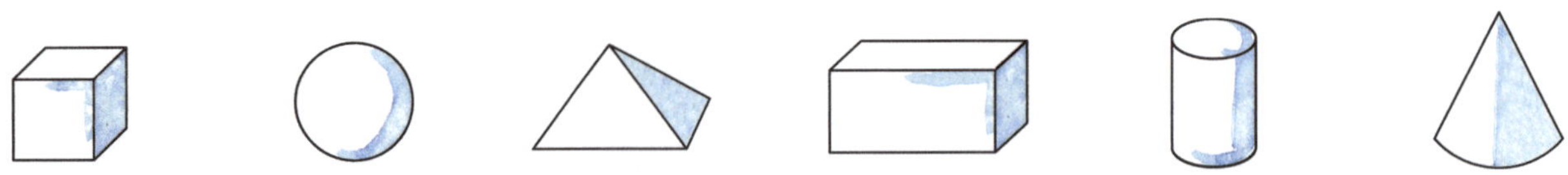

Kugel | Würfel | Quader | Pyramide | Kegel | Zylinder

2 Welcher Körper passt nicht in die Reihe? Kreise ihn ein.

a)

b)

3 Lexi baut Kantenmodelle. Wie viele Teile benötigt er jeweils? Fülle die Tabelle aus.

	Holzstäbchen (Kanten)	Knetkügelchen (Ecken)
Würfel		
Quader		
Pyramide		

4 Welche Körper sind im Sack?

a)

b)

c)

d)

Ansichten und Baupläne von Körpern

1 Vervollständige die Ansichten.

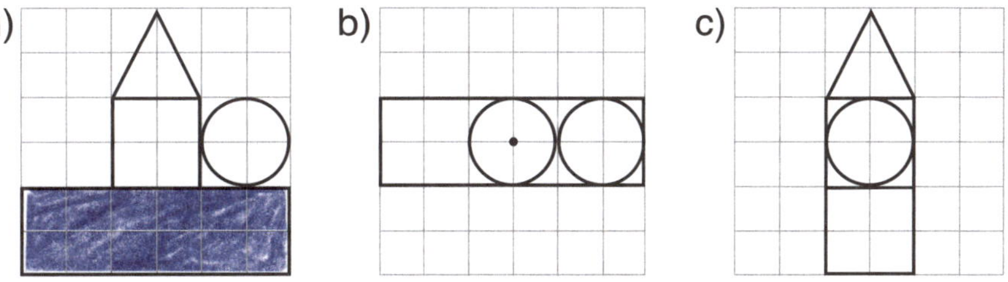

a) von: vorn

b) von:

c) von:

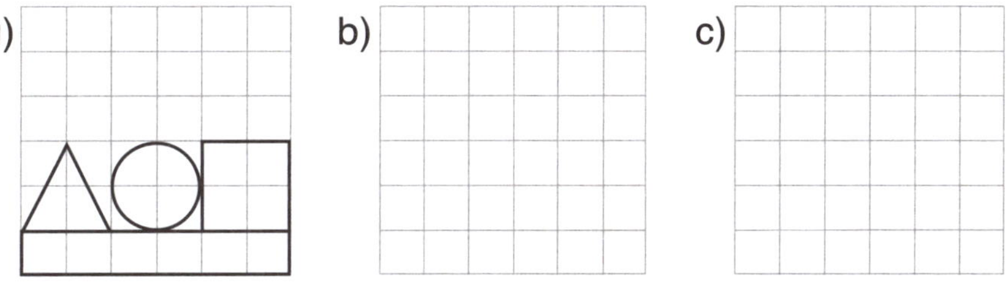

a) von:

b) von: oben

c) von: links

2 Ergänze die Baupläne.
Wie viele kleine Würfel fehlen jeweils mindestens, zu einem großen Würfel?

a) b) c) d)

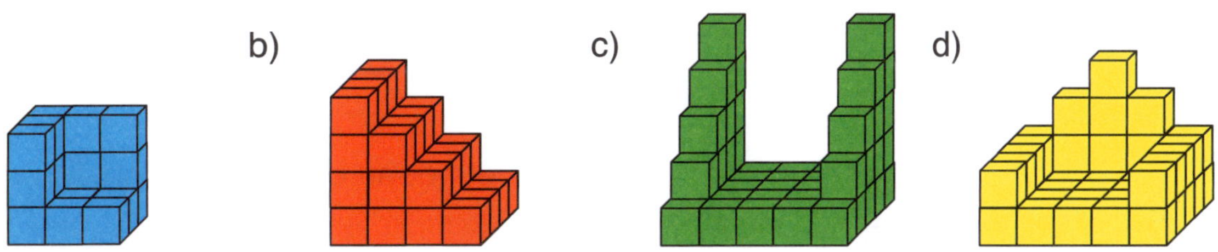

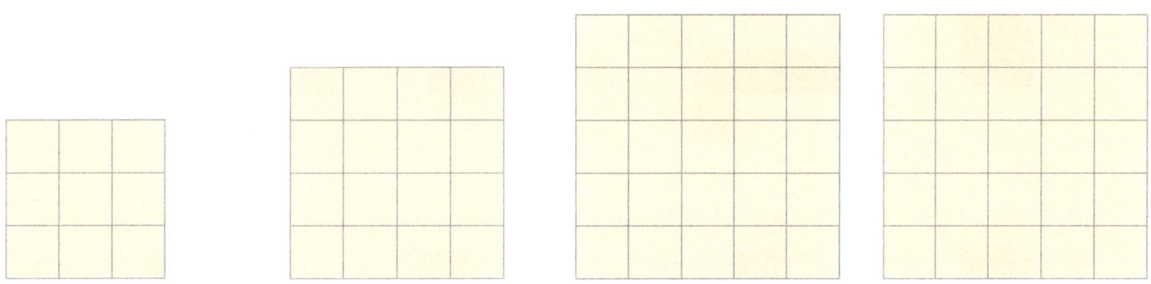

a) Es fehlen noch ______ Würfel.

b) Es fehlen noch ______ Würfel.

c) Es fehlen noch ______ Würfel.

d) Es fehlen noch ______ Würfel.

3 Kippe jedes Gebäude in die angegebene Richtung. Zeichne jeweils einen Bauplan.

a) nach hinten

b) nach links

c) nach rechts

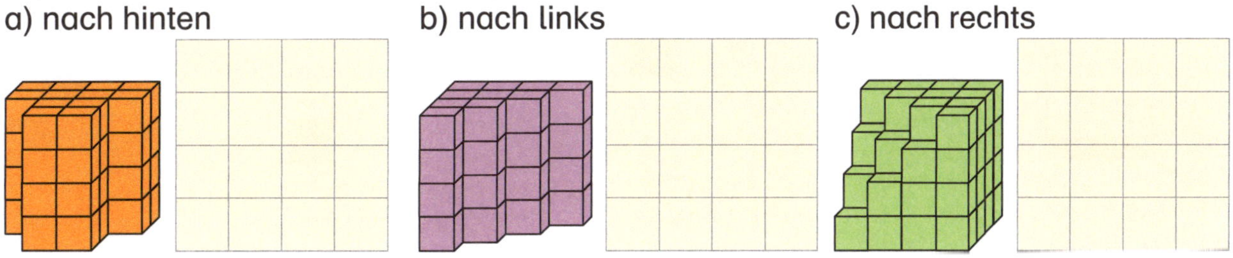

Würfelnetze und Quadernetze

1 Ergänze die Figuren so, dass verschiedene Würfelnetze entstehen.
Färbe die Flächen in einer Farbe ein, die sich nach dem Falten gegenüberliegen.

a) 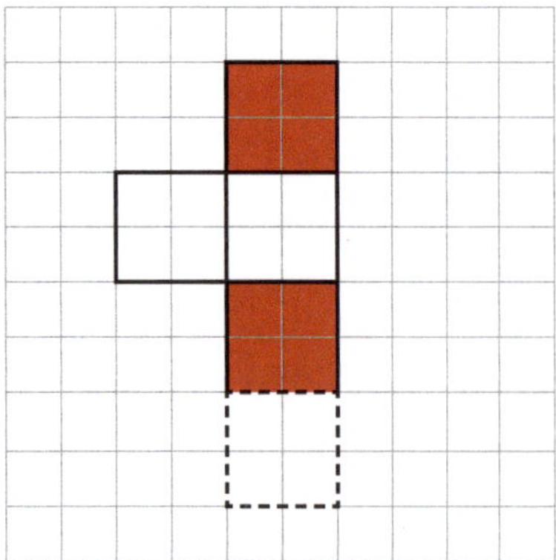
b) 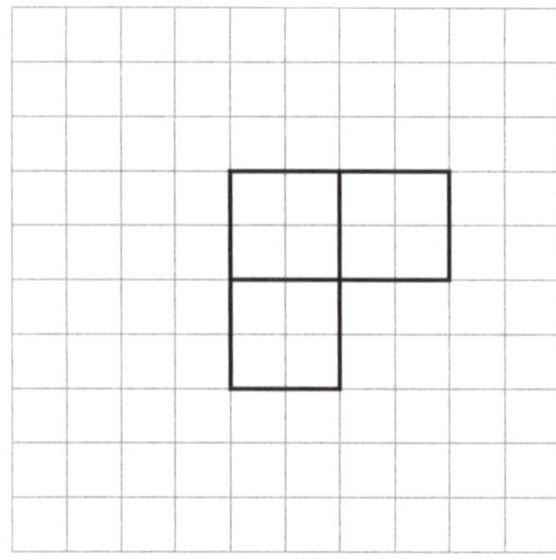
c) 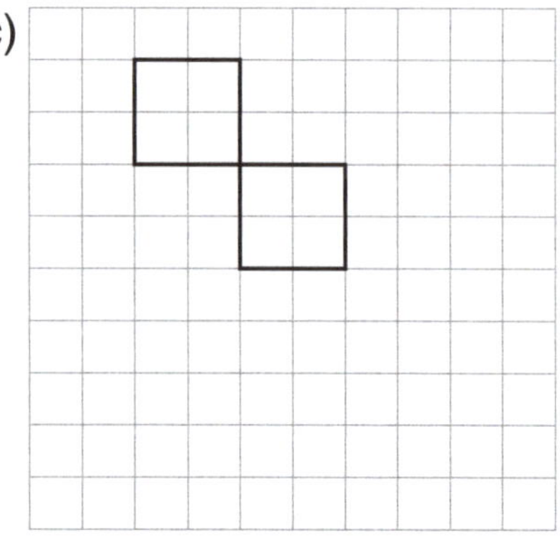

2 Ergänze zu Quadernetzen. Färbe die Flächen in einer Farbe ein, die sich nach dem Falten gegenüberliegen.

a) 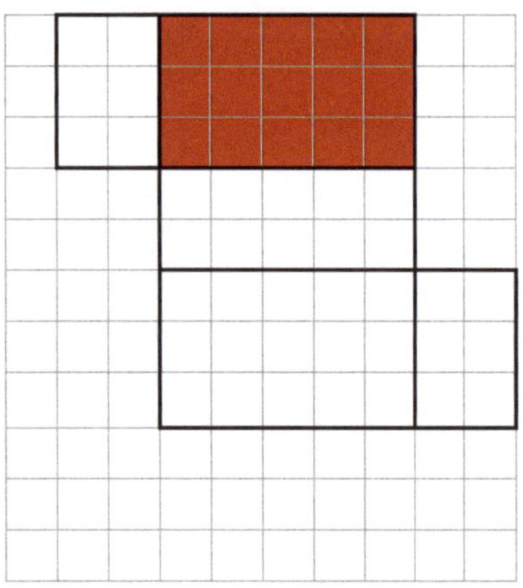
b) 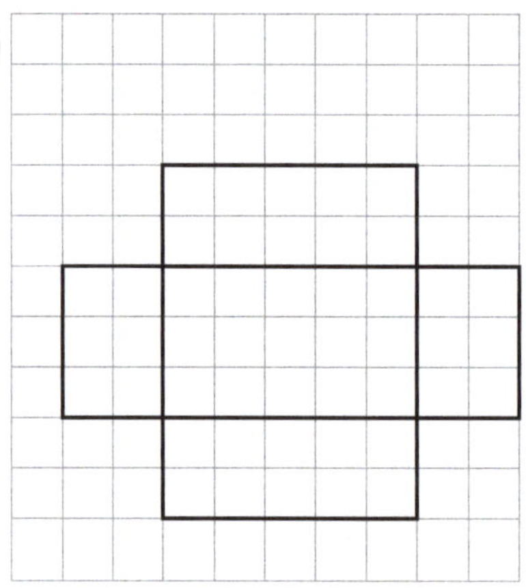
c) 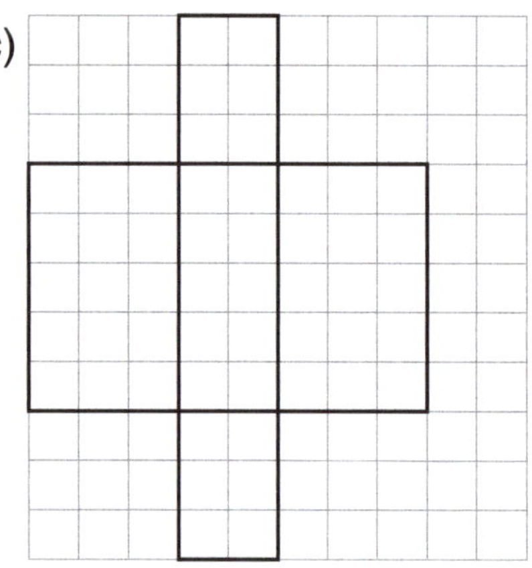

3 Die gegenüberliegenden Flächen der Würfel haben die gleiche Farbe.
Welche Netze passen? Kreuze an.

a) 
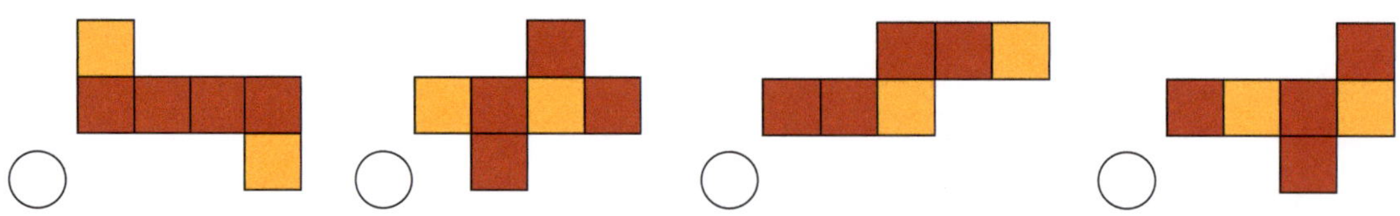

b) 

4 Färbe die roten Kanten bei jedem Würfelnetz ein.

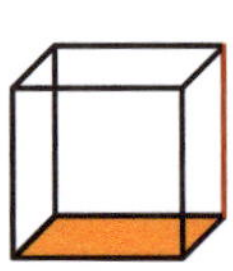

a) 
b) 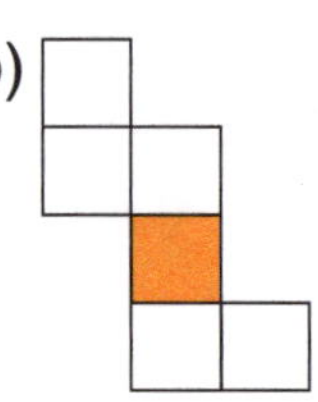
c) 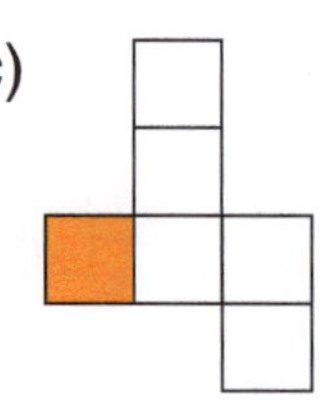

Vom Hunderterraum in den Tausenderraum

1 Rechne vor und zurück zum Hunderter.

a) 170 + 30 = ____
320 + ____ = ____
595 + ____ = ____
271 + ____ = ____

b) 230 − 30 = ____
780 − ____ = ____
425 − ____ = ____
869 − ____ = ____

c) 709 − ____ = ____
590 + ____ = ____
426 + ____ = ____
342 − ____ = ____

2 a)

+	3	7	40	80	43
100					
300					
600					

b)

−	5	9	20	50	25
200					
500					
800					

3 a)
4 + 5 = ____
40 + 50 = ____
400 + 500 = ____

b)
6 + 3 = ____
60 + 30 = ____
600 + 300 = ____

c)
5 − 2 = ____
50 − 20 = ____
500 − 200 = ____

d)
8 − 4 = ____
80 − 40 = ____
800 − 400 = ____

4 a)

	____	
____		____
10	20	30

	____	
____		____
100	200	300

b)

	90	
60		____
40	____	____

	900	
600		____
400	____	____

5 Rechne und setze fort.

a)
75 + 3 = ____
175 + 3 = ____
275 + 3 = ____
____ + 3 = ____

b)
69 − 5 = ____
269 − 5 = ____
469 − 5 = ____
____ − 5 = ____

c)
40 + 10 = ____
240 + 10 = ____
440 + 10 = ____
____ + 10 = ____

d)
90 − 60 = ____
190 − 60 = ____
290 − 60 = ____
____ − 60 = ____

6 Wie geht es weiter?

a)

4	8	12							
40	80	120							

b)

99	90	81								
990	900	810								

Addieren innerhalb eines Hunderters

1 Welche Aufgabe gehört zu welchem Bild? Verbinde und rechne.

213 + 68 = ____

268 + 13 = ____

318 + 63 = ____

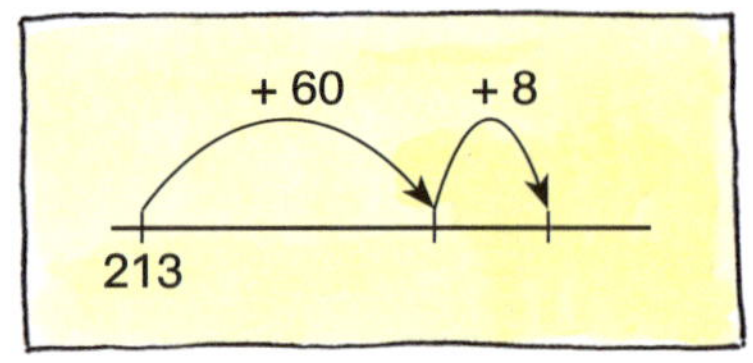

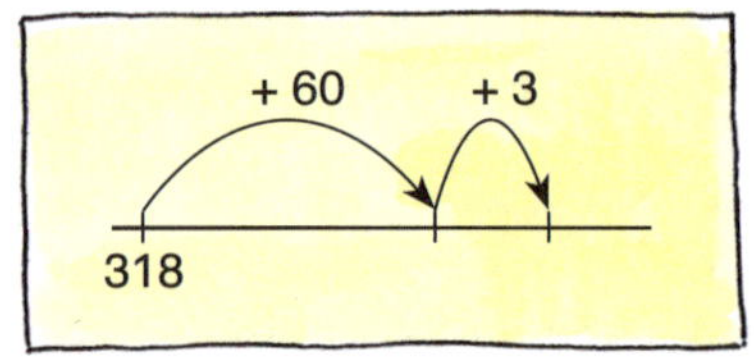

2 Rechne schrittweise.

a) 235 + 28 = ____

b) 517 + 67 = ____

c) 836 + 49 = ____

3 Immer drei Kärtchen haben das gleiche Ergebnis. Male sie in einer Farbe an.

146 + 38 = ____	228 + 13 = ____	319 + 55 = ____
208 + 33 = ____	323 + 51 = ____	143 + 41 = ____
359 + 15 = ____	159 + 25 = ____	212 + 29 = ____

4 Welches Kärtchen passt? Setze ein: 17 26 38 49 63

a)	b)	c)	d)
130 + ____ = 193	539 + ____ = 556	476 + ____ = 493	318 + ____ = 381
322 + ____ = 360	426 + ____ = 452	712 + ____ = 775	543 + ____ = 560
865 + ____ = 882	212 + ____ = 261	631 + ____ = 680	825 + ____ = 874
641 + ____ = 667	957 + ____ = 995	140 + ____ = 178	268 + ____ = 294

5 Verbinde.

Subtrahieren innerhalb eines Hunderters

1 Welche Aufgabe gehört zu welchem Bild? Verbinde und rechne.

147 − 38 = ____

263 − 37 = ____

172 − 47 = ____

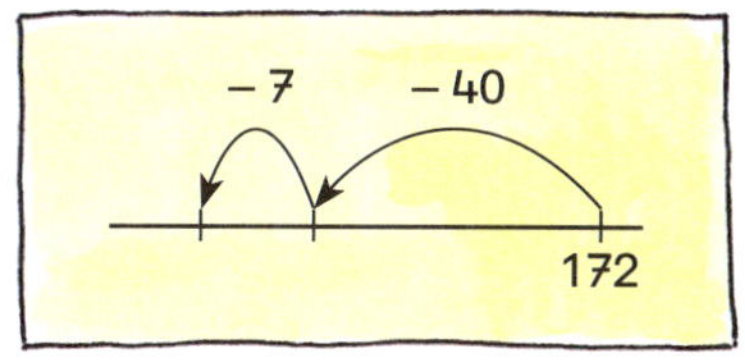

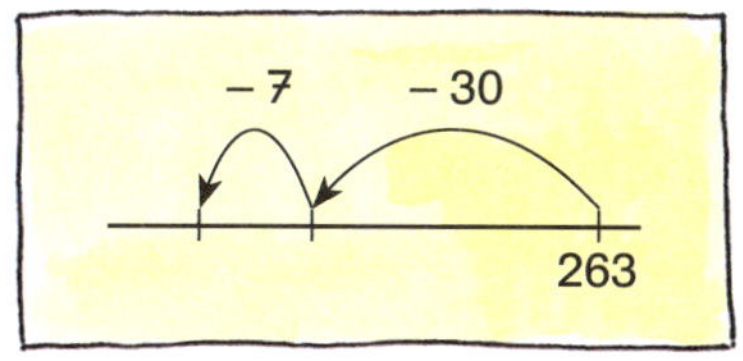

2 Rechne schrittweise.

a) 365 − 28 = ____

b) 534 − 16 = ____

c) 172 − 37 = ____

3 a)

−	50	6	56
75			
175			
275			

b)

−	14	37	49
57			
357			
657			

4

−	22	28	
65			17
		237	
765			

5

a) 147 − 22 = ____
145 − 20 = ____
143 − 18 = ____

b) 373 − 49 = ____
374 − 50 = ____
375 − 51 = ____

c) 785 − 58 = ____
780 − 53 = ____
775 − 48 = ____

d) 463 − 35 = ____
460 − 32 = ____
457 − 29 = ____

6 Male Aufgabe und Umkehraufgabe mit der gleichen Farbe aus.

381 − 35 = ____	232 + 64 = ____	547 + 17 = ____	345 − 28 = ____
473 − 56 = ____	211 + 48 = ____	259 − 48 = ____	417 + 56 = ____
317 + 28 = ____	296 − 64 = ____	564 − 17 = ____	346 + 35 = ____

7

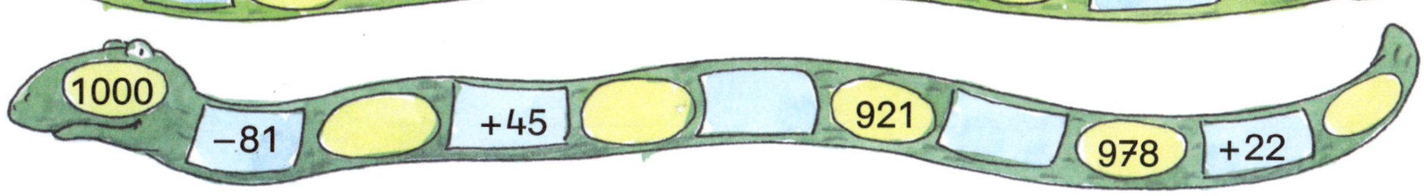

Halbschriftliches Addieren

1 Schreibe die passende Aufgabe zu den Bildern und rechne.

a) 

b) 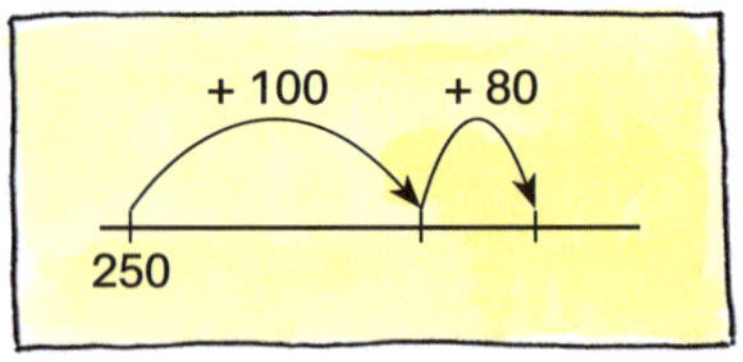

c) 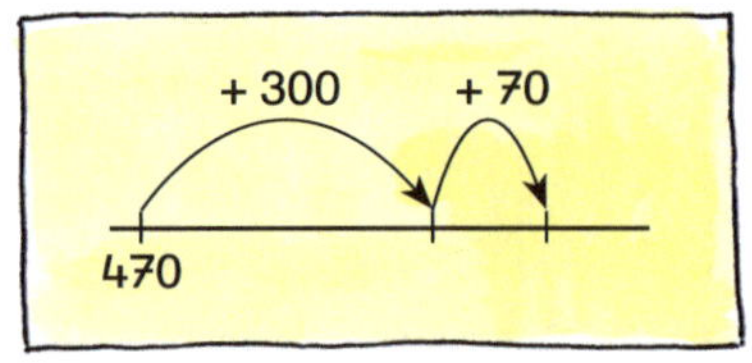

2 Wie rechnest du?

a) 250 + 430 = ____

b) 470 + 170 = ____

3 Löse die Aufgaben. Wie heißt das Mädchen?

a) 470 + 260 =

b) 740 + 180 =

c) 390 + 320 =

d) 220 + 680 =

e) 570 + 370 =

f) 180 + 570 =

710	L
730	M
750	A
900	E
920	I
940	N

Das Mädchen heißt: ____

4 Rechne geschickt.

a) 240 + 99 = ____
240 + 100 = ____
____ − 1 = ____

b) 560 + 290 = ____

c) 180 + 595 = ____

5 Finde die Fehler. Trage das richtige Ergebnis ein.

a) 280 + 480 = 680 ____

b) 630 + 190 = 820 ____

c) 460 + 390 = 870 ____

d) 350 + 540 = 980 ____

e) 590 + 270 = 880 ____

f) 710 + 280 = 999 ____

Halbschriftliches Subtrahieren

1 Schreibe die passende Aufgabe zu den Bildern und rechne.

a) 

b) 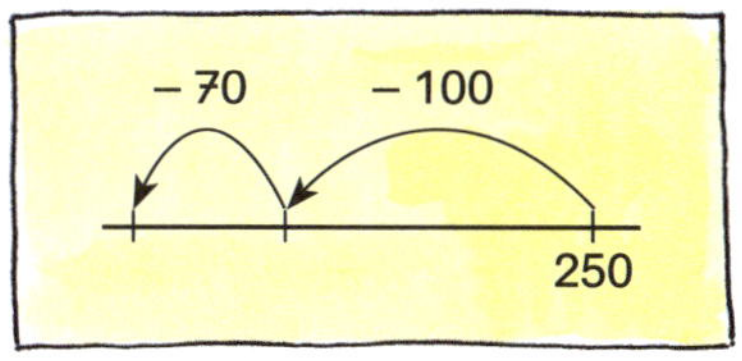

c) 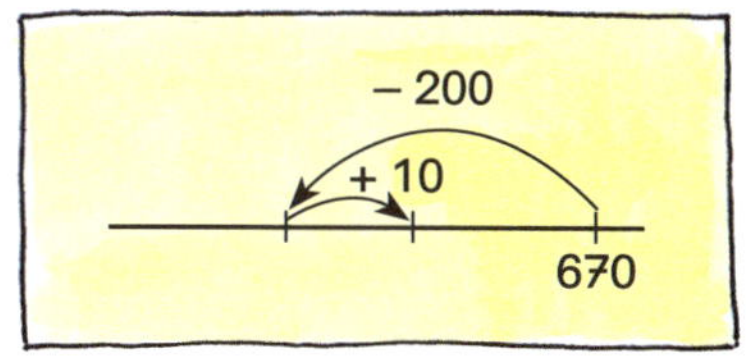

______ ______ ______

2 Wie rechnest du?

a) 520 – 160 = ______

b) 770 – 390 = ______

3 Rechne schrittweise.

a) 450 – 370 = ______

b) 810 – 520 = ______

c) 530 – 170 = ______

d) 750 – 480 = ______

e) 970 – 590 = ______

f) 830 – 470 = ______

4 Rechne geschickt.

a) 460 – 89 = ______
460 – 90 = ______
______ + 1 = ______

b) 630 – 490 = ______

c) 570 – 295 = ______

5 Finde die Fehler. Trage das richtige Ergebnis ein.

a) 830 – 660 = 230 ______

b) 560 – 380 = 260 ______

c) 450 – 290 = 160 ______

6

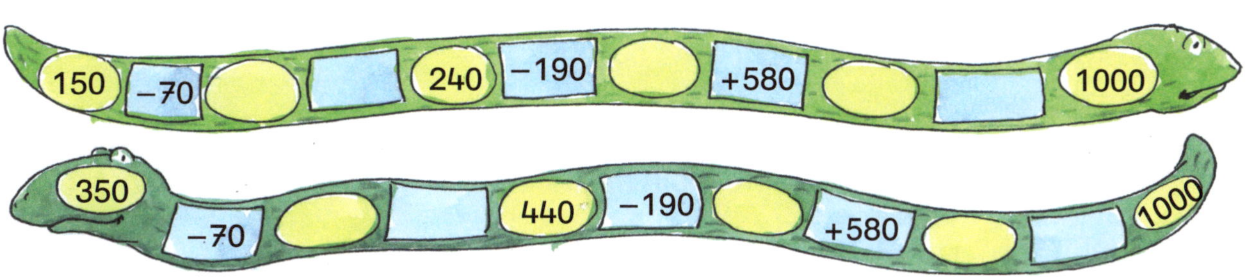

Addieren und subtrahieren mit Kommazahlen

1 Zähle und trage in die Tabelle ein. Schreibe dann als Kommazahl.

a) 

b) 

c) 

d) 

a)	1	3	0	1,30 €
b)				
c)				
d)				

2 Was passt zusammen? Verbinde.

6,05 € 6,50 € 5,65 € 5,60 €

sechs Euro und fünfzig Cent

sechs Komma null fünf Euro

fünf Komma sechs null Euro

Sechs Euro fünfzig

Fünf Euro und fünfundsechzig Cent

3 Wie viel Euro?

a) 700 ct = ______ € b) 560 ct = ______ €

2 € 56 ct = ______ € 1 € 5 ct = ______ €

302 ct = ______ € 29 ct = ______ €

4 Wie viel Cent?

3,10 € = ______ ct

5 € 72 ct = ______ ct

6 € 6 ct = ______ ct

5 Immer drei Kärtchen gehören zusammen. Markiere sie mit der gleichen Farbe.
Ergänze die fehlende Schreibweise.

	0,75 €		1 € 9 ct	5 € 45 ct
5,45 €	75 ct	109 ct	545 ct	1 € 90 ct
7,05 €		7 € 5 ct	190 ct	

6 a) Setze die passenden Beträge in den Text ein.

59 € 10 € 3 € 20 ct 30 ct 0,10 €

Lisa geht einkaufen. Sie zieht ihre neue Jacke an. Sie hat ______ gekostet. Mutter gibt Lisa einen ______ -Schein. Zuerst kauft sie in der Bäckerei 1 Brot für ______ und 2 Brötchen für je ______.
Dann kauft sich Lisa am Kiosk noch einen Lutscher für ______.

b) Wie viel hat Lisa in der Bäckerei bezahlt?

Antwort: ________________________________

c) Wie viel Geld kann sie ihrer Mutter zurückgeben?

Antwort: ________________________________

Überschlagsrechnung

1 Überschlage die Kosten.

Rennrad 279,00 € ≈ 280,00 €

Flasche

Helm

Klingel

Schloss

Mountainbike

Kilometerzähler

2 Reicht das Geld? Überschlage die Kosten und kreuze die Antwort an.

a) Mountainbike und Helm

Ü: ____________________

☐ ja ☐ nein

b) Rennrad und Schloss

Ü: ____________________

☐ ja ☐ nein

c) Helm und Kilometerzähler

Ü: ____________________

☐ ja ☐ nein

d) Klingel und Helm

Ü: ____________________

☐ ja ☐ nein

e) Schloss und Kilometerzähler

Ü: ____________________

☐ ja ☐ nein

f) Flasche, Klingel und Schloss

Ü: ____________________

☐ ja ☐ nein

3 Was könnten die Kinder gekauft haben? Schreibe es auf.

a) 50 € + 30 € = 80 €

____

____

b) Ich habe 2 Sachen für ungefähr 50 € gekauft.

____

____

Gleichungen und Ungleichungen

1 Welche Zahlen passen?

a) 330 + ___ = 370
480 + ___ = 500
___ + 120 = 250

b) 570 − ___ = 510
800 − ___ = 720
___ − 90 = 300

c) 90 + 30 = 70 + ___
660 + 80 = 690 + ___
470 − 220 = 570 − ___

2 Wo gibt es viele Lösungen? Wo gibt es keine Lösung?

a) 83 + ☾ < 88 ☾ ________
61 − ◇ > 55 ◇ ________
346 + ♕ < 350 ♕ ________
510 − ⊙ > 515 ⊙ ________

b) 279 + ⊗ < 285 ⊗ ________
✉ + 647 < 655 ✉ ________
760 − △ > 754 △ ________
955 − ◩ > 948 ◩ ________

3
a) ▯ − ✸ = 420
120 + ✸ = 200
✸ ___ ▯ ___

b) 250 + ✷ + ⬯ = 500
✷ + 70 = 120
✷ ___ ⬯ ___

c) 610 + ▬ < 620
▬ + 430 < 435
▬ ________

d) △ + 348 < 399
375 − △ < 326
△ ________

4
a) ▲ + 420 = ⊙
⊙ + ▲ = ◩
350 + ▲ = 500

b) 🍄 = 🍃 + ▽
600 − 🍃 = 510
🍃 + 60 = ▽

c) ♥ − ☾ = ⁂
♥ + ☾ = 200
270 + ☾ = 350

▲ ___ ⊙ ___ ◩ ___ 🍃 ___ ▽ ___ 🍄 ___ ♥ ___ ☾ ___ ⁂ ___

5 Zahlenwaagen. Setze die passenden Zahlen ein.

a)
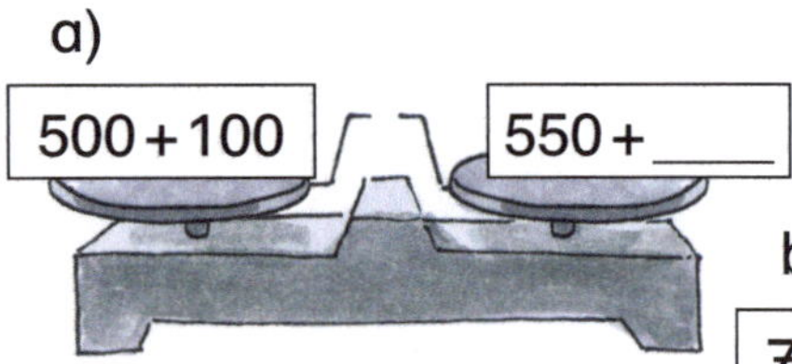

b)
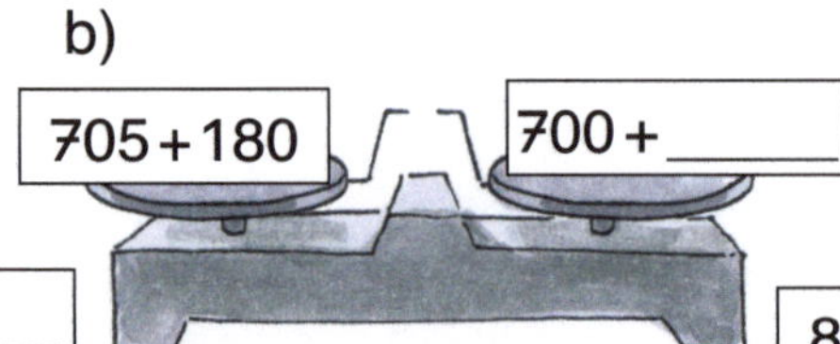

c)
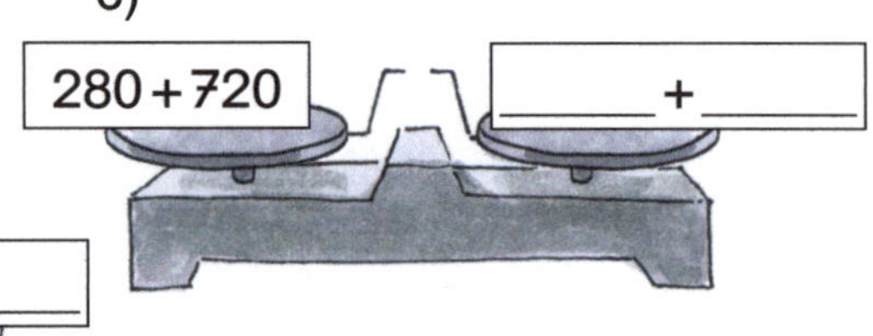

d)
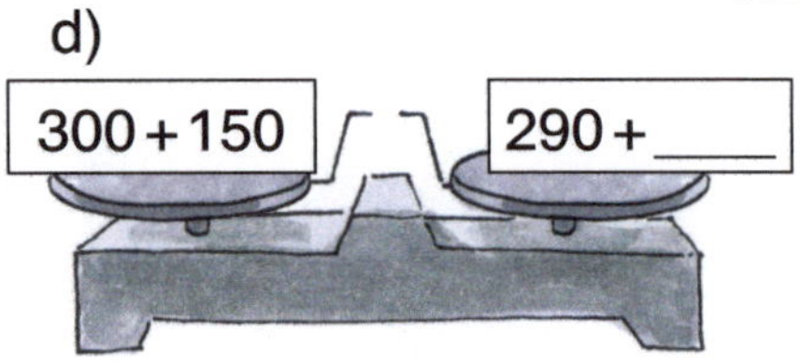

e)
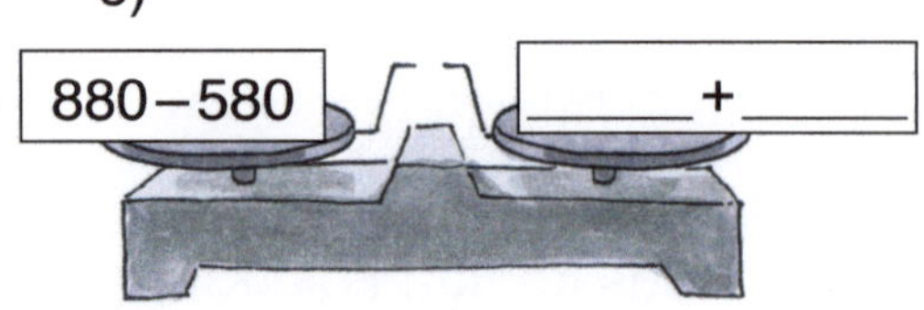

6
a) 170 + 330 = x + x

x = ___

b) 60 + 280 = y + y + 220

y = ___

7 200 + z + z + z = 1000 − z

z = ___

Übungen zum Addieren und Subtrahieren

1 Setze <, > oder = ein.

a)		b)		c)	
248 + 50 ◯	50 + 248	817 − 50 ◯	817 − 60	250 + 250 ◯	270 + 240
630 + 68 ◯	660 + 37	540 − 30 ◯	530 − 40	910 − 360 ◯	900 − 370
290 + 77 ◯	300 + 87	472 − 20 ◯	492 − 40	790 − 280 ◯	800 − 290

2 Markiere die Aufgaben, deren Ergebnis kleiner als 500 ist.
Die Buchstaben dahinter ergeben ein Lösungswort.

173 + 299 = ______ K | 256 + 253 = ______ I | 950 − 470 = ______ A

241 + 251 = ______ N | 189 + 294 = ______ I | 867 − 423 = ______ N

245 + 245 = ______ C | 320 + 180 = ______ T | 820 − 326 = ______ H

719 − 266 = ______ E | 740 − 190 = ______ M | 155 + 260 = ______ N

Lösungswort: ____________________

3 Bilde mit 2 Karten Additions- und Subtraktionsaufgaben, sodass du folgende Ergebnisse erhältst:

160 | 280 | 243 | 73 | 130 | 18 | 126 | 36

a)
410 = ______
91 = ______
279 = ______
144 = ______
30 = ______

b)
113 = ______
94 = ______
170 = ______
262 = ______
403 = ______

c)
162 = ______
203 = ______
440 = ______
______
______

Strecken messen und zeichnen

1 Miss die Länge der Gegenstände. Schreibe in cm und mm.

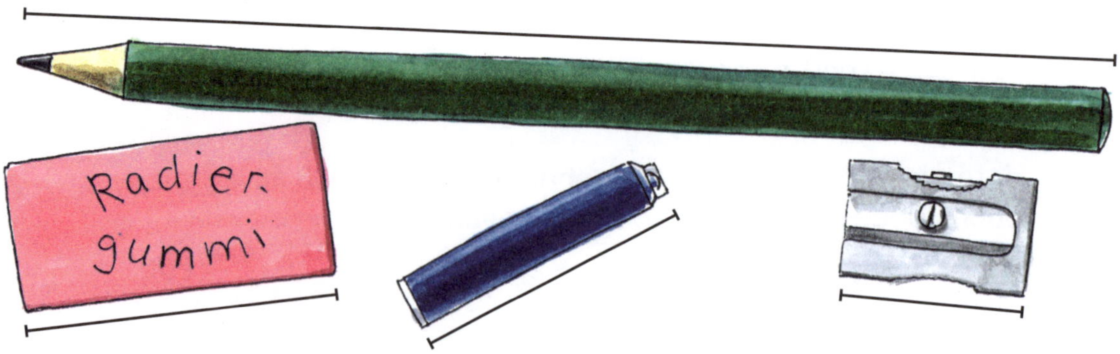

Radiergummi: ___ cm ___ mm

Anspitzer: ___ cm ___ mm

Bleistift: ___ cm ___ mm

Tintenpatrone: ___ cm ___ mm

2 Wie lang sind die Strecken? Schätze zuerst und überprüfe dann.

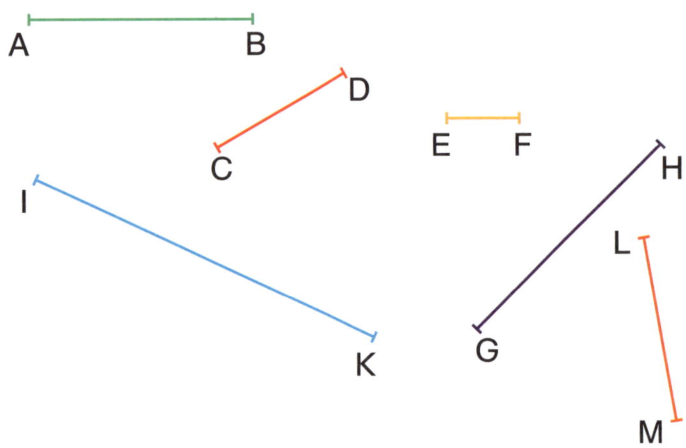

	geschätzt	gemessen
$\overline{AB}$		
$\overline{CD}$		
$\overline{EF}$		
$\overline{GH}$		
$\overline{IK}$		
$\overline{LM}$		

3 a) Immer zwei Längenangaben sind gleich. Markiere sie in der gleichen Farbe.

82 mm	20 mm	1 dm	150 mm	15 cm
12 mm	2 cm	8 cm 2 mm	1 cm 2 mm	10 cm

b) Zeichne zu jeder Länge eine Strecke.

Kommaschreibweise bei Längen

1 Vervollständige die Tabellen.

a)

Länge	m	cm	Kommazahl
8 m 47 cm	8	47	8,47 m
29 m 18 cm			
12 m 8 cm			
24 m 7 cm			

b)

Kommazahl	m	cm	Länge
3,40 m	3	40	3 m 40 cm
			12 m 80 cm
			74 m 1 cm
			25 m 7 cm

2 Im Sport zeigen Männer und Frauen oft erstaunliche Leistungen.
Schreibe die Längenangaben in Kommaschreibweise.

	Männer	Frauen
Hochsprung	2 m 45 cm = 2,45 m	2 m 9 cm =
Weitsprung	8 m 95 cm =	7 m 52 cm =
Dreisprung	18 m 29 cm =	15 m 50 cm =
Stabhochsprung	6 m 14 cm =	5 m 0 cm =

3 Ergänze.

60 cm + 20 cm + ________ = 1 m
12 cm + 48 cm + ________ = 1 m
70 cm + 23 cm + ________ = 1 m
45 cm + 38 cm + ________ = 1 m

4 Ergänze.

6 mm + ________ = 1 cm
17 mm + ________ = 2 cm
65 mm + ________ = 7 cm
99 mm + ________ = 10 cm

5 Fülle die Lücken im Text aus.

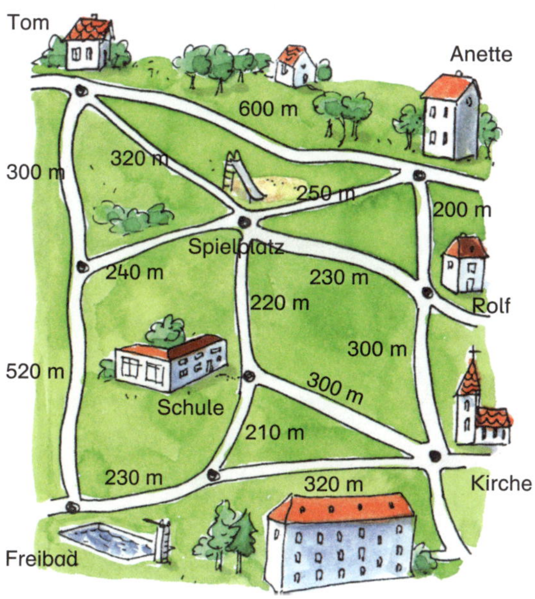

a) ________ hat mit ______ m den weitesten Schulweg.

b) Rolf geht mittwochs zur Theater-AG in der Schule. Zuerst holt er Anette zu Hause ab. Wie weit ist sein Weg?
Rolfs Weg ist ______ m lang.

c) ________ hat mit ______ m den weitesten Weg ins Freibad.

d) Der kürzeste Weg von der Kirche zu Tom beträgt ______ m.

Multiplizieren und dividieren

Multiplizieren

1 a)

·	2	10	5
1			
2			
10			
5			

b)

·	3	6	9
1			
2			
10			
5			

c)

·	4	8	7
1			
2			
10			
5			

2

Quadratzahl				16		25	1		9	100
Zahl	2	6	7		8			9		

3 Kreise in jeder Zahlenfolge die zwei Zahlen ein, die nicht in die Reihe passen.

a) 21, 24, 27, 30, 33, 36, 38, 42, 45, 48, 52, 54, 57, 60

b) 24, 28, 32, 34, 40, 44, 48, 52, 56, 62, 64, 68, 72, 76

c) 36, 42, 48, 52, 60, 64, 72, 78, 84, 90, 96, 102, 108, 114

4 Setze die Reihen fort.

a) 45, 50, 55, ____, ____, ____, ____, 80

b) 70, 60, 50, ____, ____, ____, ____, 0

c) 84, 78, 72, ____, ____, ____, ____, 42

d) 81, 90, 99, ____, ____, ____, ____, 144

e) 126, 119, 112, ____, ____, ____, ____, 77

f) 248, 240, 232, ____, ____, ____, ____, 192

5 Färbe alle Fische bunt, bei denen das Ergebnis größer als 60 ist.
Dann kannst du ein Lösungswort lesen.

Lösungswort: ______________________

Multiplizieren und dividieren mit großen Zahlen

1 Immer drei Kärtchen gehören zusammen. Verbinde sie miteinander.

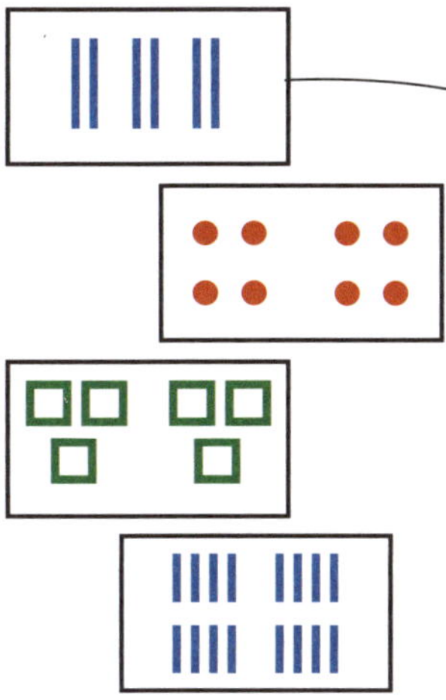

	2 · 300	160
	3 · 20	8
	4 · 40	600
	2 · 4	60

2

a) 3 · 6 = ____
3 · 60 = ____
30 · 6 = ____

b) 7 · 8 = ____
7 · 80 = ____
70 · 8 = ____

c) 9 · 4 = ____
9 · 40 = ____
90 · 4 = ____

d) 5 · 5 = ____
5 · 50 = ____
50 · 5 = ____

3

·	10	20	30	50	80	100
2						
7						
9						
10						

4

a) 6 : 2 = ____
60 : 2 = ____
600 : 2 = ____

b) 8 : 4 = ____
80 : 4 = ____
800 : 4 = ____

c) 10 : 5 = ____
100 : 5 = ____
1000 : 5 = ____

d) 9 : 3 = ____
90 : 3 = ____
900 : 3 = ____

5

30 · 2	2 · 3	240 : 40	600 : 10
600 : 1	20 · 30	3 · 200	
300 : 5	600 : 100	120 : 20	120 : 2

Halbschriftliches Multiplizieren

1 Rechne schrittweise.

a) 7 · 16 = ______ b) 3 · 17 = ______ c) 9 · 14 = ______ d) 6 · 19 = ______

e) 8 · 12 = ______ f) 4 · 13 = ______ g) 7 · 19 = ______ h) 4 · 18 = ______

2 Rechne möglichst viele Aufgaben im Kopf. Immer vier Aufgaben haben das gleiche Ergebnis. Färbe diese in einer Farbe ein.

6 · 11 = ____	10 · 9 = ____	16 · 4 = ____	22 · 3 = ____
21 · 5 = ____	7 · 15 = ____	5 · 18 = ____	9 · 10 = ____
2 · 32 = ____	4 · 16 = ____	5 · 21 = ____	15 · 7 = ____
11 · 6 = ____	18 · 5 = ____	8 · 8 = ____	3 · 22 = ____

3 In einem Park sollen Blumenbeete bepflanzt werden. Der Gärtner will drei Beete anlegen.

a) Beet A: 6 Reihen mit jeweils 14 Blumen
b) Beet B: 4 Reihen mit jeweils 22 Blumen
c) Beet C: 5 Reihen mit jeweils 15 Blumen

Wie viele Blumen benötigt er für die einzelnen Beete?

a) Beet A b) Beet B c) Beet C

Halbschriftliches Multiplizieren

1 Rechne schrittweise.

a) $25 \cdot 4 =$ ______

b) $23 \cdot 8 =$ ______

c) $51 \cdot 3 =$ ______

d) $39 \cdot 5 =$ ______

e) $3 \cdot 66 =$ ______

f) $8 \cdot 96 =$ ______

g) $7 \cdot 82 =$ ______

h) $6 \cdot 91 =$ ______

2 Rechne geschickt.

a)

·	40	41	42
3	120		
5			
7			

b)

·	60	59	58
4			
6			
8			

3 Finde die fünf Fehler. Streiche das falsche Ergebnis durch und notiere das richtige Ergebnis.

a) $2 \cdot 48 = 104$ ______

b) $37 \cdot 6 = 222$ ______

c) $7 \cdot 29 = 213$ ______

d) $4 \cdot 53 = 262$ ______

e) $56 \cdot 3 = 186$ ______

f) $8 \cdot 18 = 244$ ______

4 Wie viele Würfel sind es?

a)

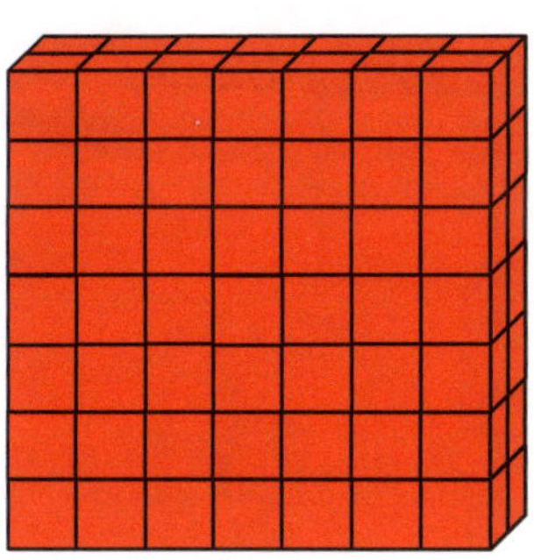

b)

c)

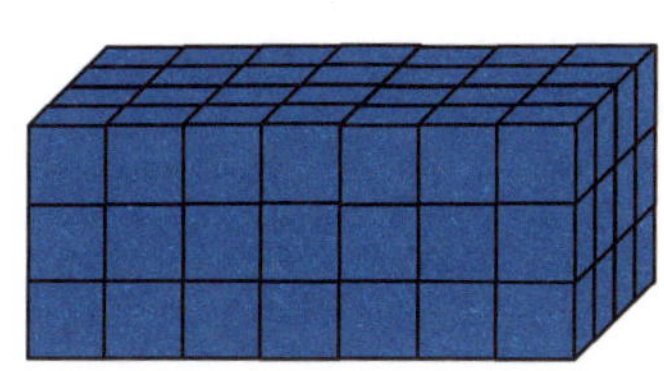

Halbschriftliches Dividieren

1 a) 45 : 5 = ___
63 : 7 = ___
24 : 4 = ___

b) 64 : 8 = ___
81 : 9 = ___
27 : 3 = ___

c) 36 : 6 = ___
49 : 7 = ___
35 : 5 = ___

d) 18 : 3 = ___
32 : 4 = ___
48 : 8 = ___

2 a) 120 : 6 = ____
160 : 4 = ____
180 : 9 = ____

b) 350 : 7 = ____
400 : 5 = ____
240 : 3 = ____

c) 720 : 8 = ____
540 : 6 = ____
560 : 7 = ____

3 Zerlege geschickt und rechne aus.

a) 204 : 4 = ________

b) 273 : 3 = ________

c) 416 : 4 = ________

d) 648 : 8 = ________

e) 630 : 6 = ________

f) 729 : 9 = ________

g) 693 : 7 = ________

h) 415 : 5 = ________

i) 837 : 9 = ________

4 Verbinde. Rechne möglichst viele Aufgaben im Kopf.

Halbschriftliches Dividieren mit Rest

1 Setze die Aufgaben fort. Bei welchen Aufgaben entsteht ein Rest?

a)
350 : 5 = ______
351 : 5 = ______
352 : 5 = ______
____ : ___ = ______

b)
280 : 4 = ______
282 : 4 = ______
284 : 4 = ______
____ : ___ = ______

c)
810 : 9 = ______
813 : 9 = ______
816 : 9 = ______
819 : 9 = ______

2 Kreuze alle Aufgaben an, bei denen ein Rest von 4 bleibt.
Du kannst ein Lösungswort lesen.

- [ ] P 190 : 6 =
- [ ] R 234 : 5 =
- [ ] A 737 : 8 =
- [ ] S 300 : 7 =
- [ ] I 274 : 9 =
- [ ] T 819 : 8 =
- [ ] M 519 : 5 =
- [ ] K 399 : 6 =
- [ ] A 543 : 7 =

Lösungswort: ______________________

3 Rechne geschickt: Löse jeweils zuerst die einfache Aufgabe im Kopf.

a) 350 : 7 = ______
353 : 7 = ______
356 : 7 = ______

b) 185 : 6 = ______
180 : 6 = ______
183 : 6 = ______

c) 457 : 9 = ______
455 : 9 = ______
450 : 9 = ______

4 Immer zwei Kärtchen gehören zusammen. Verbinde.

127 : 4 =
255 : 6 =
419 : 8 =
376 : 5 =

52 R 3
75 R 1
31 R 3
42 R 3

Punktrechnung vor Strichrechnung, Gleichungen und Ungleichungen

1

a) 5 · 4 + 3 · 4 = ___
___
7 · 5 − 3 · 5 = ___
___

b) 6 · 6 + 2 · 6 = ___
___
7 · 9 − 0 · 9 = ___
___

c) 3 · 9 + 3 · 9 = ___
___
5 · 8 − 1 · 8 = ___
___

2 Rechne möglichst im Kopf.

a) 26 + 3 · 0 = ___
14 : 7 + 7 = ___
64 − 16 · 2 = ___

b) 54 − 4 · 10 = ___
33 + 2 · 15 = ___
200 : 10 − 8 = ___

c) 21 + 9 : 3 = ___
3 · 15 − 10 = ___
30 · 7 + 3 = ___

(9), (12), (14), (24), (26), (32), (35), (63), (213)

3 Ergänze die Gleichungen.

a) 3 · ___ + 2 = 20
120 : ___ + 3 = 43
200 : 4 + ___ = 60

b) 4 · ___ − 5 = 19
___ : 3 − 1 = 29
7 · ___ + 3 = 80

c) ___ · 6 + 4 = 40
7 · 5 + ___ = 42
12 · ___ − 8 = 100

4 Kreise in jeder Zeile alle passenden Zahlen ein.

a) 6 · ___ > 40 1 2 3 4 5 6 (7) (8) 9 10
b) 15 · ___ < 100 1 2 3 4 5 6 7 8 9 10
c) ___ · 20 < 180 1 2 3 4 5 6 7 8 9 10
d) ___ · 40 < 240 1 2 3 4 5 6 7 8 9 10

5 Rechne möglichst viele Aufgaben im Kopf.

198 : 9	120 : 3	320 : 8	176 : 8
13 · 5	99 − 2 · 30	12 · 2 + 13	11 · 7
15 + 2 · 3	4 · 8 + 1 · 8	89 − 7 · 7	2 · 6 + 4 · 5

Sachrechnen

1 Der Reiterhof „Pferdeglück“ hat 12 Pferde und 8 Ponys. 4 Pferde brauchen neue Hufeisen. Für die Hufeisen und das Beschlagen verlangt der Hufschmied 67 Euro für 1 Pferd.
Wie hoch ist die Rechnung?

Rechnung:

Antwort: ______________________

____

2 Bauer Überacker hat einen kleinen Hofladen. Dort werden verschiedene Lebensmittel verkauft.

a) In einem Monat wurden 13 Gläser Honig, 24 Gläser Marmelade und 55 Bauernbrote verkauft.
Berechne die Einnahmen.

Honig: Marmelade: Bauernbrot:

Antwort: ______________________

b) Ein Kunde kauft einen 6er-Karton große Eier. Im Kopf überschlägt er, dass er 1,20 Euro bezahlen muss. Kann das stimmen? Wie viel muss er genau bezahlen?

Überschlag: ______________________

Rechnung:

Antwort: ______________________

____

c) Ein Gastwirt möchte 170 Eier kaufen. Frau Überacker hat für die Verpackung der Eier 30er-Paletten, 10er-Kartons und 6er-Kartons. Sie möchte die Eier möglichst platzsparend verpacken. Welche und wie viele Verpackungen benötigt sie?

Rechnung:

Antwort: ______________________

3 Frau Überacker fährt zweimal in der Woche zum Bauernmarkt. Eine Strecke (hin und zurück) ist 13 Kilometer lang. Wie viele Kilometer fährt sie in vier Wochen?

Rechnung:

Antwort: ______________________

Sekunden, Minuten, Stunden

1 Wie viele Sekunden sind jeweils vergangen?

a) b) c) d) e)

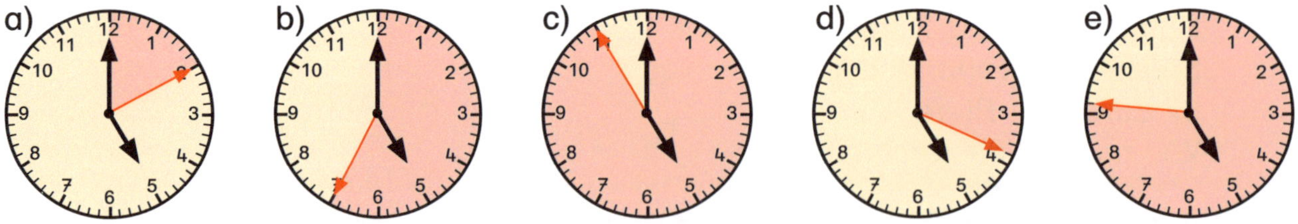

____ ____ ____ ____ ____

2 Rechne um.

a) 4 min = ____ s
7 min = ____ s
9 min = ____ s

b) 360 s = __ min
480 s = __ min
600 s = __ min

c) 140 s = __ min ____ s
400 s = __ min ____ s
345 s = __ min ____ s

d) 180 min = __ h
420 min = __ h
840 min = ____ h

e) 8 h = ____ min
$4\frac{1}{2}$ h = ____ min
$3\frac{1}{4}$ h = ____ min

f) 1 Tag = ____ h
8 Tage = ____ h
$3\frac{1}{2}$ Tage = ____ h

3 Ordne nach der Zeitdauer.

100 s | 24 s | 350 s | $\frac{1}{2}$ min | 540 s | 5 min | 3 min

____ < ____ < ____ < ____ < ____ < ____ < ____

4 Einige Kinder der Klassen 3a und 3b haben an einem Schwimmwettkampf teilgenommen. Wer hat die Plätze 1 bis 4 belegt?

Ergebnisse vom Schwimmwettkampf:
1. Platz: ____________
Zeit: ____________
2. Platz: ____________
Zeit: ____________
3. Platz: ____________
Zeit: ____________
4. Platz: ____________
Zeit: ____________

Zeitpunkte und Zeitspannen

1 Wie viel Zeit ist vergangen?

a)

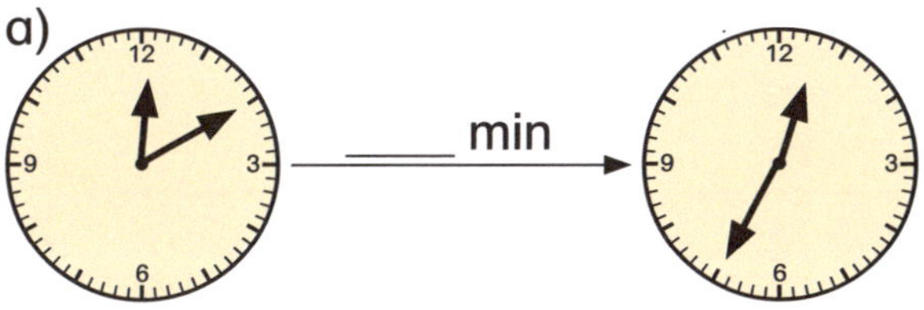

b)

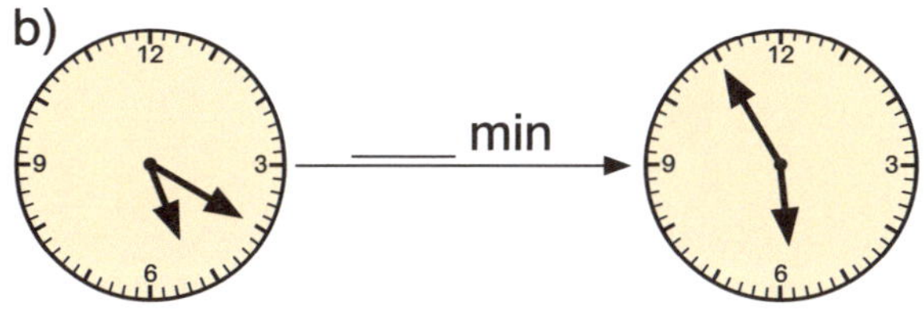

c)

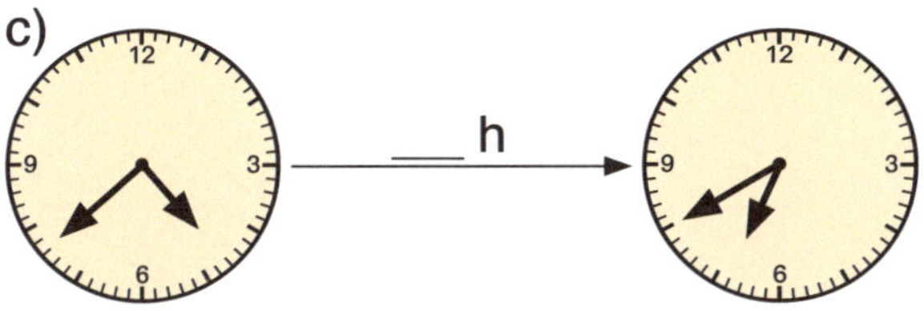

d)

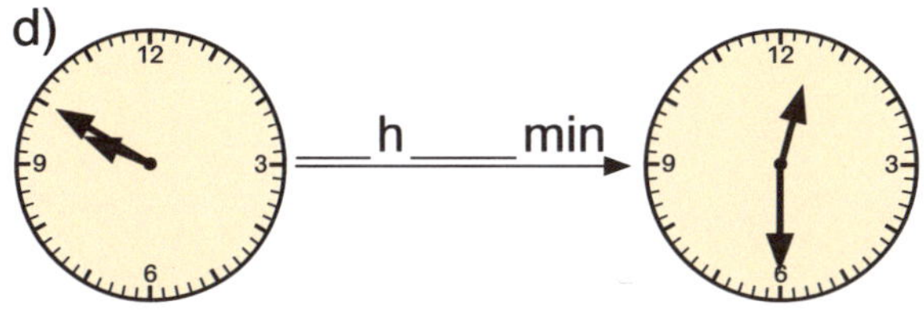

2 Ergänze.

a)

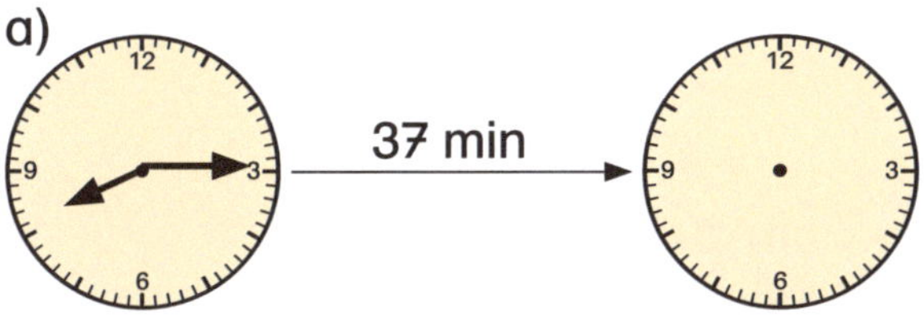

b)

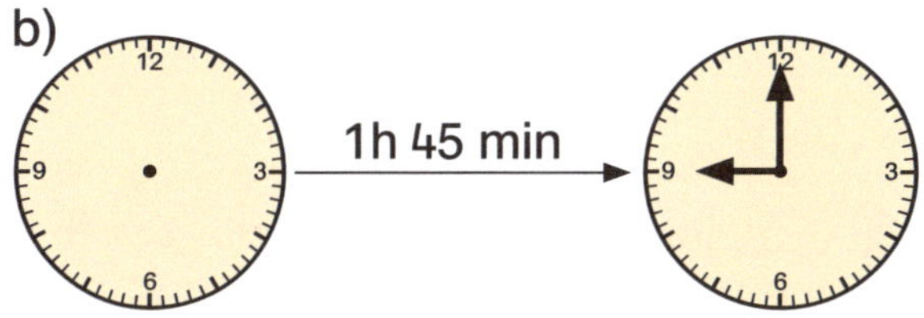

3 Wie lange dauern die einzelnen Fahrten im Intercity?

DB Taschenfahrplan:
IC 2455 Leipzig – Stralsund

	Ankunft	Abfahrt
Leipzig		11:55
Dessau	12:34	12:36
Potsdam	13:34	13:36
Berlin	14:05	14:28
Bernau	14:50	14:52
Pasewalk	16:05	16:06
Züssow	16:41	16:43
Stralsund	17:15	

a)

Abfahrt		Fahrtdauer	Ankunft	
Berlin	14:28		Bernau	14:50
Pasewalk			Züssow	
Potsdam			Berlin	
Dessau			Bernau	
Bernau			Pasewalk	
Leipzig			Stralsund	

b) Frau Hahn fährt von Potsdam nach Stralsund. Wie lange ist sie unterwegs?

4 Ergänze die fehlenden Angaben.

Abfahrtszeit	14:07 Uhr	8:13 Uhr	17:30 Uhr	10:45 Uhr		
Fahrtdauer	42 min	1 h 45 min	2 h 48 min	6 h 25 min	55 min	4 h 10 min
Ankunftszeit					22:00 Uhr	19:56 Uhr

74/75

Informationen entnehmen und Lösungsskizzen anfertigen

1 Hannah und Andreas laufen einander entgegen. Hannah geht 150 m, Andreas 180 m.

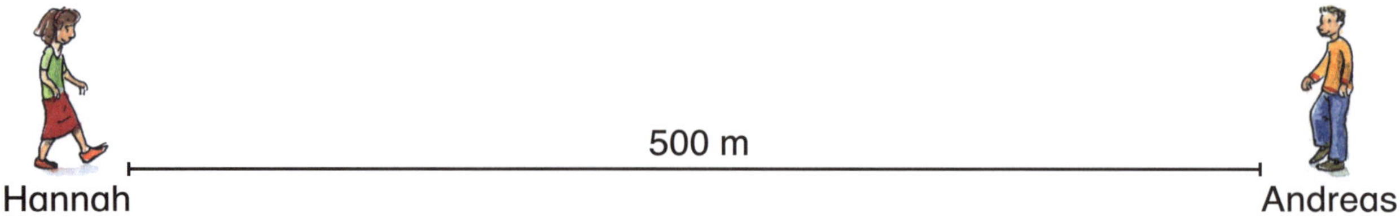

a) Wie weit sind die beiden dann voneinander entfernt?

b) Sie wollen sich in der Mitte der Strecke treffen. Wie viele Meter müssen sie noch zurücklegen?

2 Zwei Kleinflugzeuge starten am selben Ort zum gleichen Zeitpunkt.
Das eine Flugzeug fliegt 370 km Richtung Westen,
das andere 280 km Richtung Osten.
Wie weit sind die Flugzeuge jetzt voneinander entfernt?

3 Das Heimatmuseum in Altstadt hatte sein 50-jähriges Jubiläum. Daher war es am letzten Wochenende durchgehend von 9 Uhr bis 19 Uhr geöffnet. Jeder Besucher musste 2 € Eintritt bezahlen.
Am Samstag wurden 240 € eingenommen.
Am Sonntag wurden 260 Karten verkauft.

a) Formuliere zu dem Text zwei sinnvolle Fragen.

b) Schreibe die erste Frage auf, rechne und notiere den Antwortsatz.

c) Bearbeite die zweite Frage.

1. Frage:

Rechnung:

Antwort:

2. Frage:

Rechnung:

Antwort:

Informationen entnehmen und Lösungsskizzen anfertigen

1 Lars möchte zur Aufbewahrung seiner Bücher zwei einzelne Bücherregale mit jeweils 6 Böden. Ein Bücherregal soll 40 cm, das andere 80 cm breit sein.

Bücherregal „Kiddy“

Regal ist erweiterbar

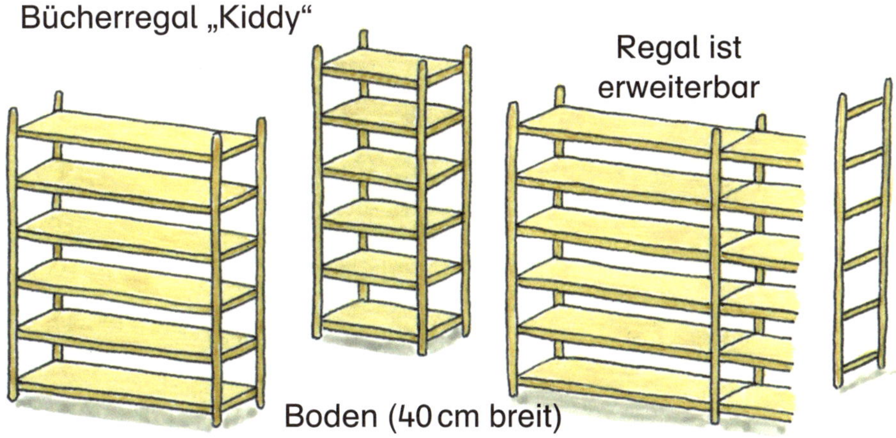

Boden (40 cm breit)
Preis pro Brett 8 €

Boden (80 cm breit)
Preis pro Brett 10 €

Seitenteil
25 €

a) Vor dem Kauf wollen die Eltern wissen, wie viel die beiden Regale zusammen kosten.

b) Die Schwester von Lars hätte gern ein 120 cm breites Bücherregal. Sie sucht nach einer möglichst preisgünstigen Lösung.

Diagramme lesen und verstehen

In einer Schule wurden mehrere Umfragen zur gesunden Ernährung der Kinder durchgeführt. Die einzelnen Ergebnisse wurden in Schaubildern zusammengefasst.

Umfrage zum Pausenfrühstück

Nimmst du ein Pausenfrühstück mit zur Schule?

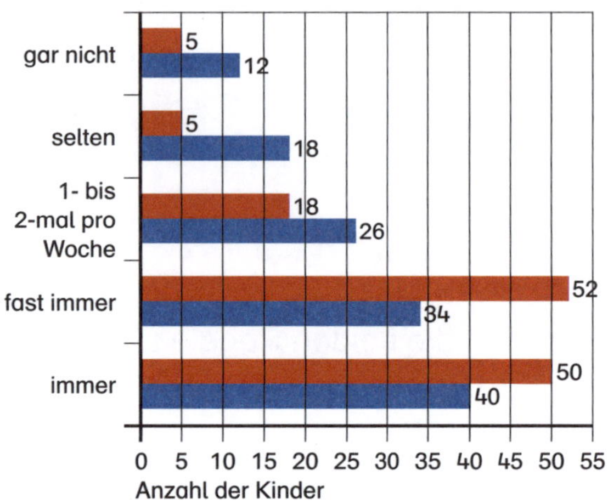

Woraus besteht dein Pausenfrühstück meistens?

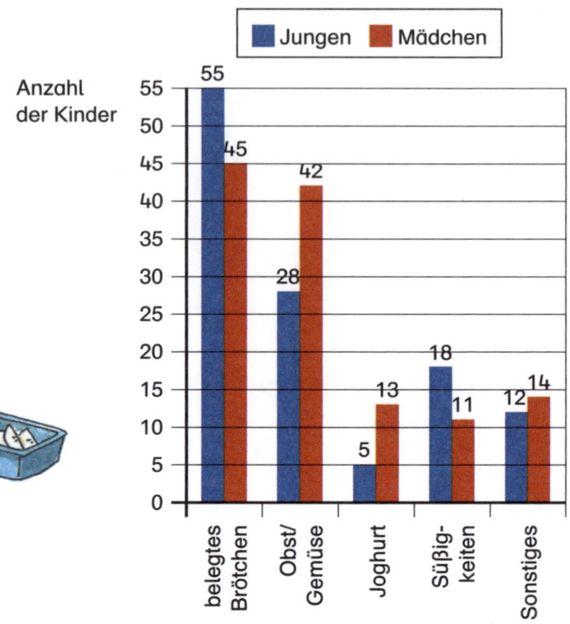

1 Ergänze die Tabellen mithilfe der Schaubilder.

Frage: „*Nimmst du ein Pausenfrühstück mit zur Schule?*“	Anzahl der Kinder
immer	
fast immer	
1- bis 2-mal pro Woche	
selten	
gar nicht	

Frage: „*Woraus besteht dein Pausenfrühstück meistens?*“	Anzahl der Kinder
belegtes Brötchen	
Obst/Gemüse	
Joghurt	
Süßigkeiten	
Sonstiges	

2 a) Wie viele Kinder beteiligten sich an der Umfrage „*Nimmst du ein Pausenfrühstück mit zur Schule*“?

b) Wie viele Kinder beantworteten die Frage „*Woraus besteht dein Pausenfrühstück meistens*“?

3 Stimmen die folgenden Behauptungen? Kreuze an.

a) Mehr Jungen als Mädchen gehen ohne Pausenfrühstück zur Schule. ☐ ja ☐ nein

b) Es sind mehr als einhundert Mädchen, die immer oder fast immer ein Pausenfrühstück mitnehmen. ☐ ja ☐ nein

c) Doppelt so viele Jungen wie Mädchen essen Süßigkeiten als Pausenfrühstück. ☐ ja ☐ nein

Diagramme erstellen

1 Erstelle aus dem Umfrage-Ergebnis ein Streifendiagramm.

Welches Getränk trinkst du in der Schule meistens? Kreuze an.

Fragebogen

- Wasser/Mineralwasser ☐
- Kakaogetränk ☐
- Milch ☐
- Saft ☐
- Cola/Limonade ☐
- Tee ☐
- Sonstiges ☐
- Ich trinke nichts ☐

Umfrage-Ergebnis:

	Kinder insgesamt	davon Jungen
Wasser/ Mineralwasser	**100**	60
Kakaogetränk	**10**	5
Milch	**5**	0
Saft	**65**	35
Cola/Limonade	**10**	5
Tee	**30**	10
Sonstiges	**15**	10
Ich trinke nichts	**15**	5

2 Ergänze zuerst die Zahlen links und trage die Getränkearten unten ein. Zeichne dann das Schaubild.

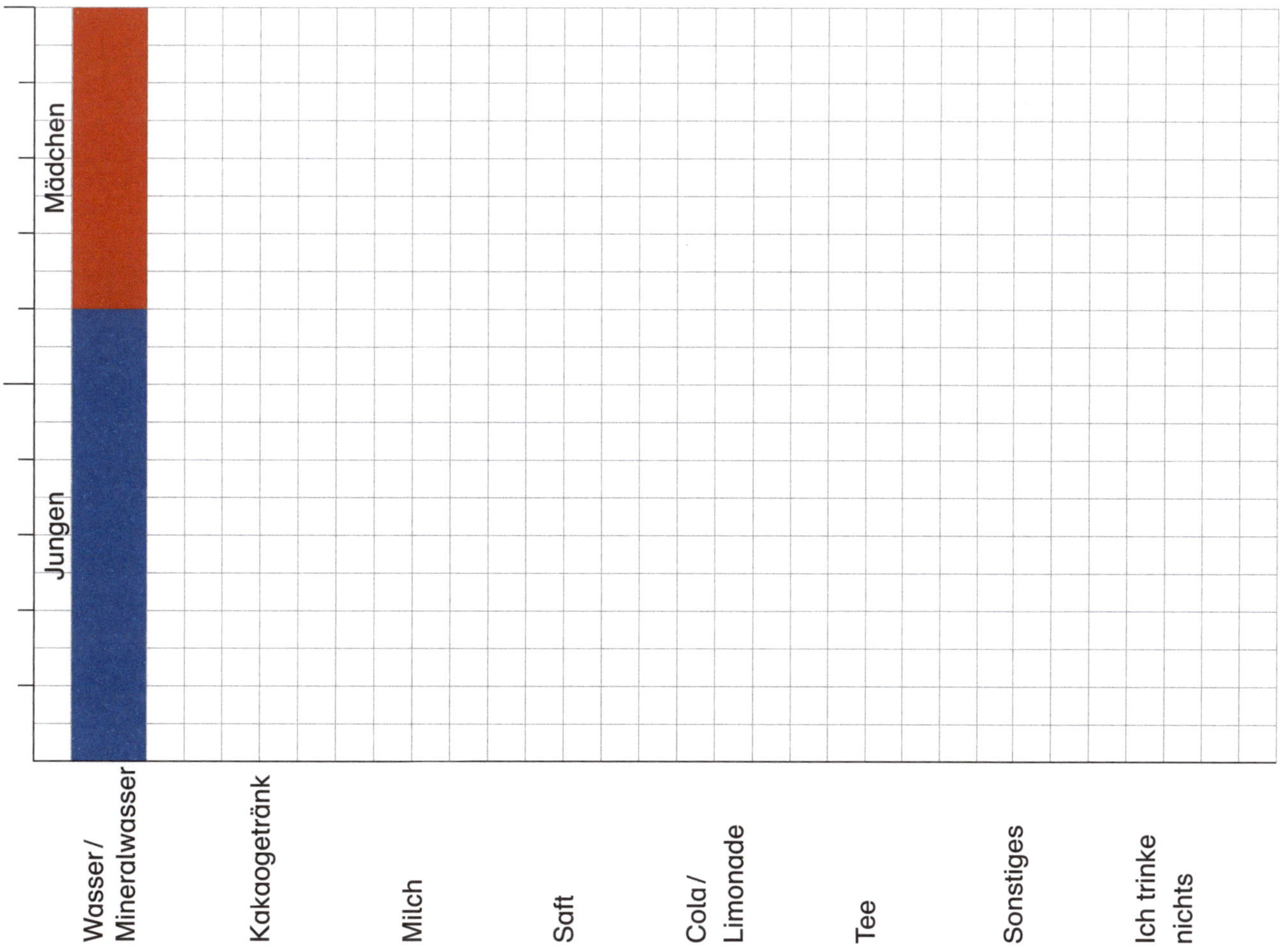

Schriftliche Addition

1 Wie viel Geld ist es? Lege den Betrag mit Rechengeld.

a)

H	Z	E
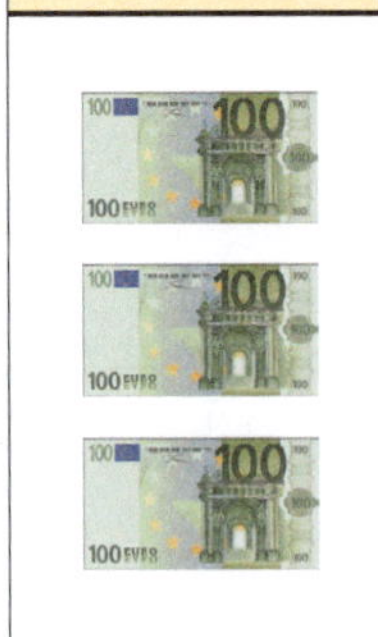	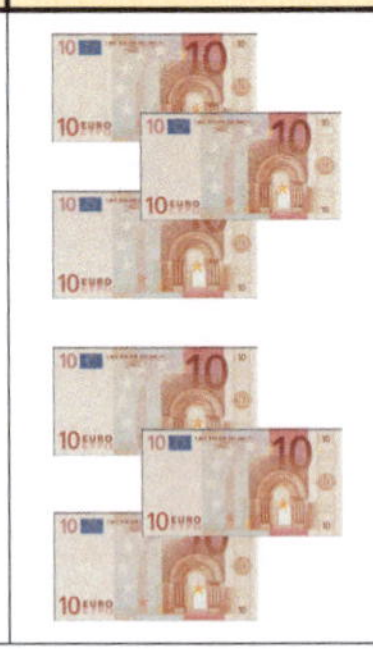	

_____ €

b)

H	Z	E
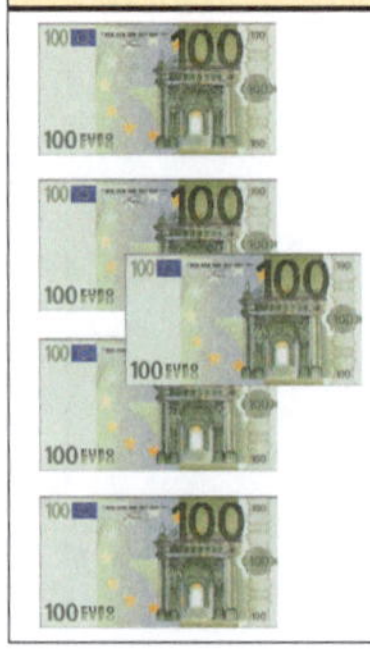		

_____ €

2 Wie viel Geld ist das zusammen? Addiere schriftlich.

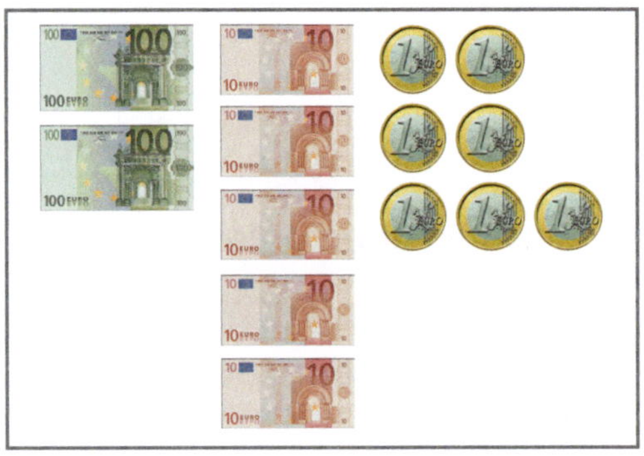

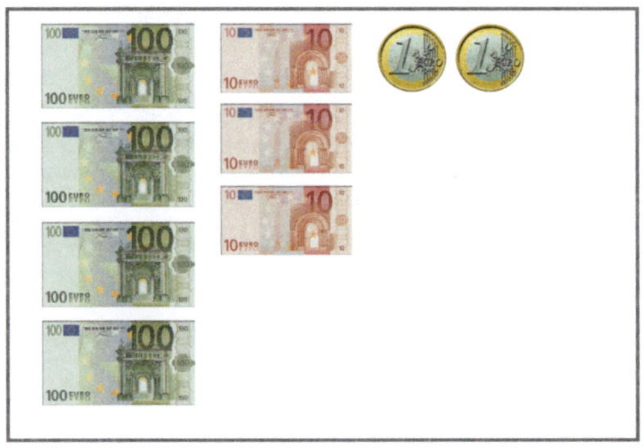

	H	Z	E
+			

3

a)

	H	Z	E
	2	3	4
+	1	4	5

b)

	H	Z	E
	1	1	3
+		6	5

c)

	H	Z	E
	3	8	2
+	6	1	7

d)

	H	Z	E
	4	0	3
+	4	9	2

e)

	H	Z	E
	5	4	7
+	2	2	0

4

a)

	H	Z	E
	2	8	7
+	3	9	2

b)

	H	Z	E
	4	5	8
+	5	1	4

c)

	H	Z	E
	7	3	8
+	2	4	8

d)

	H	Z	E
	7	4	6
+		3	4

e)

	H	Z	E
		5	5
+	6	3	5

5

a)

	H	Z	E
	5	2	9
+	1	7	6

b)

	H	Z	E
	4	6	7
+	2	3	8

c)

	H	Z	E
	3	1	3
+	5	9	8

d)

	H	Z	E
	5	7	8
+	3	9	4

e)

	H	Z	E
	8	1	2
+		8	9

Schriftliche Addition

1 Schreibe untereinander und rechne schriftlich.

a) 818 + 127 b) 604 + 158 c) 246 + 519 d) 384 + 137 e) 487 + 456

	H	Z	E
+			

2 Notiere das Überschlagsergebnis und rechne dann schriftlich.

a) Ü: ______

	H	Z	E
	2	3	2
+	1	9	8

330, 430, 600

b) Ü: ______

	H	Z	E
	3	8	6
+	4	7	1

757, 817, 857

c) Ü: ______

	H	Z	E
		8	7
+	5	8	9

526, 596, 676

d) Ü: ______

	H	Z	E
	7	8	6
+		9	7

803, 838, 883

e) Ü: ______

	H	Z	E
	4	3	9
+	4	6	1

870, 800, 900

3 Rechne nur die Aufgaben, bei denen das Ergebnis zwischen 400 und 700 liegt. Überschlage die Summe vorher.

a) Ü: ______

	H	Z	E
	1	6	7
+	2	2	5

b) Ü: ______

	H	Z	E
	1	3	5
+	5	4	8

c) Ü: ______

	H	Z	E
	3	6	8
+	1	2	3

d) Ü: ______

	H	Z	E
	4	1	7
+	5	0	5

e) Ü: ______

	H	Z	E
	2	2	8
+	3	8	4

4 Entscheide: Welche Aufgaben kannst du im Kopf rechnen, welche rechnest du schriftlich?

a) 398 + 201 = ______ b) 116 + 297 = ______ c) 444 + 333 = ______

479 + 253 = ______ 799 + 201 = ______ 678 + 154 = ______

Schriftliche Subtraktion

1 Schreibe untereinander und rechne schriftlich.

a) 857 – 132 b) 618 – 403 c) 749 – 528 d) 135 – 14 e) 583 – 271

	H	Z	E
–			

2 Entscheide: Welche Aufgaben kannst du im Kopf rechnen, welche rechnest du schriftlich?

a) 547 – 247 = ______ b) 478 – 253 = ______ c) 847 – 845 = ______

864 – 340 = ______ 739 – 506 = ______ 642 – 37 = ______

3 Subtrahiere schriftlich.

a) 296 – 134

b) 613 – 301

c) 758 – 537

d) 958 – 404

e) 534 – 213

(162), (221), (312), (321), (554)

4 Subtrahiere schriftlich. Achte auf den Übertrag.

a) 481 – 235

b) 902 – 762

c) 356 – 273

d) 693 – 467

e) 490 – 173

(83), (140), (226), (246), (317)

f) 712 – 467

g) 538 – 249

h) 806 – 519

i) 207 – 79

j) 911 – 288

(128), (245), (287), (289), (623)

Schriftliche Subtraktion

1 Schreibe untereinander und rechne schriftlich.

a) 382 – 219 b) 675 – 358 c) 761 – 429 d) 504 – 362 e) 821 – 573

	H	Z	E
–			

2 Überschlage zuerst und trage das richtige Ergebnis ein.

a) Ü: ______

	H	Z	E
	4	9	5
–	3	2	4

(71), (171), (271)

b) Ü: ______

	H	Z	E
	6	3	7
–	2	5	1

(286), (386), (486)

c) Ü: ______

	H	Z	E
	5	8	8
–	2	1	9

(269), (369), (469)

d) Ü: ______

	H	Z	E
	9	2	1
–	4	8	5

(336), (436), (536)

e) Ü: ______

	H	Z	E
	3	4	2
–	1	7	3

(169), (269), (369)

3 Überschlage zuerst und rechne dann schriftlich.

a) Ü: ______

	H	Z	E
	5	1	7
–	2	0	9

b) Ü: ______

	H	Z	E
	4	2	9
–	2	3	7

c) Ü: ______

	H	Z	E
	8	0	0
–	5	3	9

d) Ü: ______

	H	Z	E
	5	0	4
–	2	7	2

e) Ü: ______

	H	Z	E
	8	2	1
–	6	8	8

4 Schriftlich oder im Kopf? Entscheide, wie du rechnest. Wie geht es schneller?

a) 630 – 120 = ______ b) 674 – 389 = ______ c) 475 – 287 = ______

617 – 194 = ______ 607 – 205 = ______ 354 – 95 = ______

5 Im Stadt-Theater gibt es insgesamt 850 Sitzplätze. Zu einer Vorstellung kommen 767 Besucher.
Wie viele Plätze sind frei geblieben?

Antwort: ______________________

Schriftliche Addition und Subtraktion

1 Finde die Fehler und kreise sie ein. Schreibe das richtige Ergebnis unter die Aufgabe.

a) 566 − 208 = 258 (Entbündelung: 5 | 16; 6 und 6 durchgestrichen)

b) 788 − 409 = 378 (Entbündelung: 7 | 18; 8 und 8 durchgestrichen)

c) 600 − 273 = 237 (Entbündelung: 4 | 10 | 10; 6, 0 und 0 durchgestrichen)

d) 803 − 735 = 178 (Entbündelung: 7 | 10 | 13; 8, 0 und 3 durchgestrichen)

e) 452 − 176 = 386 (Entbündelung: 15 | 12; 5 und 2 durchgestrichen)

f) 169 + 485 = 544 (Übertrag: 1 1)

g) 227 + 349 = 566 (Übertrag: 1)

h) 702 + 109 = 901

i) 644 + 288 = 922

j) 757 + 218 = 875 (Übertrag: 1)

2

a) 3★6 + 23★ = ★87

b) 9★8 + 8★ = ★99

c) 43★ + 5★9 = ★63

d) 38★ + 2★5 = ★39

e) 2★ + 8★6 = ★00

f) 379 − ★5★ = 1★6

g) 653 − ★★★ = 410

h) ★★★ − 512 = 234

i) 6★7 − ★9★ = 423

j) ★5★ − 4★8 = 367

3 Löse die Aufgaben. Wie heißen die Lösungswörter?

a) E 607 | G 909 | S 601 | L 223 | E 932

252 + 349

418 + 189

430 + 479

256 + 676

135 + 88

Lösungswort: ____________

b) K 570 | E 625 | N 179 | R 667 | A 595

884 − 289

668 − 489

815 − 245

983 − 358

762 − 95

Lösungswort: ____________

Schriftliche Addition und Subtraktion mit Kommazahlen

1 Schreibe untereinander und addiere.

a) 5,20 € + 4,99 €
b) 0,89 € + 6,15 €
c) 29,98 € + 58,00 €
d) 0,95 € + 0,75 €
e) 35,90 € + 7,45 €

2 Wandle in Euro um und subtrahiere.

a) 9 € 45 ct − 54 ct
b) 29 ct − 8 € 59 ct
c) 3,99 € − 198 ct
d) 6 € 17 ct − 0,25 €
e) 25 € 9 ct − 77 ct

3

Reicht das Geld?

a) Buch und Käppi

Ü: ______________

☐ ja ☐ nein

b) Walkman und CD

Ü: ______________

☐ ja ☐ nein

c) Spiel und Stofftier

Ü: ______________

☐ ja ☐ nein

d) Kosten alle Sachen zusammen mehr als 100 €? Ermittle durch Überschlagen.

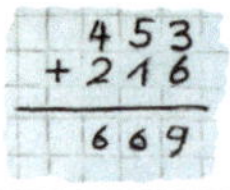

Informationen aus Bildern und Texten entnehmen

Der Rhein ist der längste Fluss Deutschlands. Er entspringt in der Schweiz und mündet in der Nordsee. Entlang des Rheins stehen im Abstand von jeweils 1 Kilometer große rechteckige Tafeln mit einer schwarzen Kilometerzahl. Die Zählung beginnt bei Konstanz mit 1 und endet an der Nordsee mit der Zahl 1035. Mithilfe dieser Tafeln können sich Steuerleute auf den Rheinschiffen während ihrer Fahrt besser orientieren.

1 Betrachte die Karte und trage die fehlenden Kilometerzahlen auf den Tafeln ein. Beginne bei Karlsruhe.

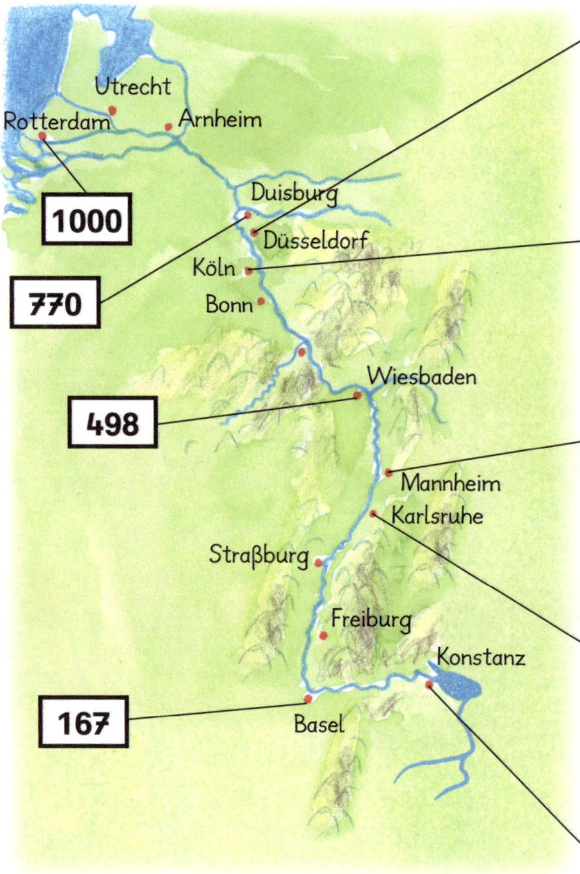

☐ Düsseldorf

Um von Basel nach Düsseldorf zu kommen, legt ein Schiff 576 km zurück.

☐ Köln

Bei Rotterdam steht die Tafel 1000. Von Rotterdam bis Köln sind es 312 km.

☐ Mannheim

Die Entfernung zwischen Mannheim und Karlsruhe beträgt 60 km.

☐ Karlsruhe

Von Basel bis Karlsruhe sind es 193 km.

1 Bei Konstanz

2 Finde selbst weitere Aufgaben.

Informationen aus Bildern und Texten entnehmen

1 Stephan darf sich sein Zimmer neu einrichten. Es darf aber nicht mehr als 1000 € kosten. Er benötigt ein Bett mit Lattenrost und Matratze, einen Kleiderschrank, einen Schreibtisch und einen Drehstuhl.

a) Berechne den Preis für die billigste Ausführung.
b) Wie viel kostet die teuerste Ausführung?
c) Wie groß ist der Preisunterschied zwischen den beiden Möglichkeiten?
d) Stephan hätte gerne noch die Lampe.

2 Stephan hat selbst noch 30 €. Er möchte sich davon aus dem Kinderwelt-Angebot noch ein Regal mit Schublade und zwei Hängeaufbewahrungsteile kaufen.

a) Wie viel kosten die gewünschten Dinge zusammen?
b) Stephan bräuchte auch noch einen Papierkorb. Reicht sein Geld noch? Was würdest du ihm raten?

Zueinander parallele und senkrechte Linien

1 Zeichne ein Bild oder ein Muster mit gekrümmten und geraden Linien.
Färbe gekrümmte Linien rot und gerade Linien blau.

2 Färbe zueinander parallele Linien gleichfarbig. Prüfe mit dem Geodreieck.

a)
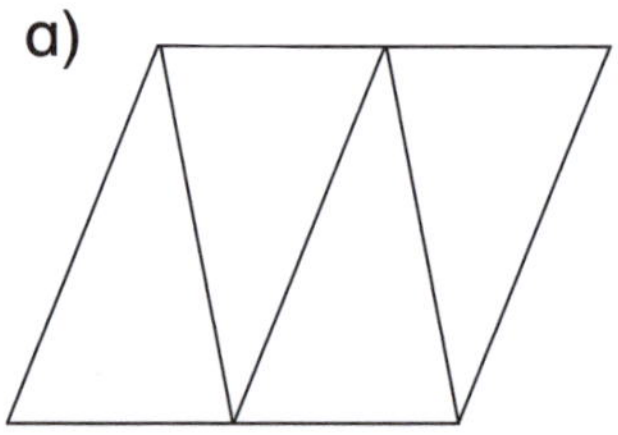

b)
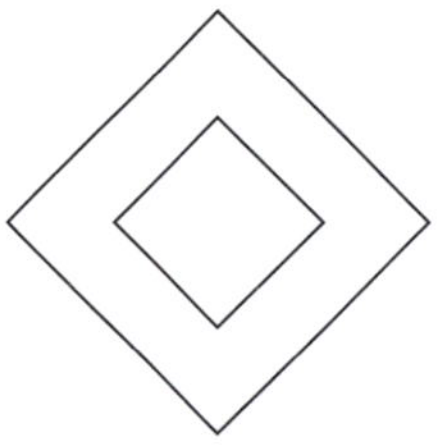

c)
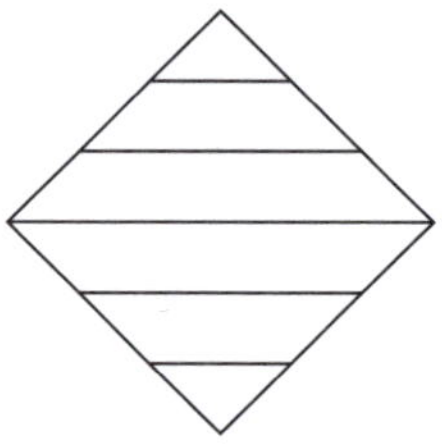

d)
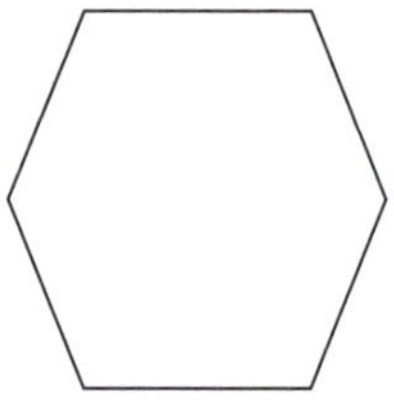

3 Welche Geraden sind senkrecht zur Geraden b? Überprüfe mit dem Geodreieck. Färbe sie grün.

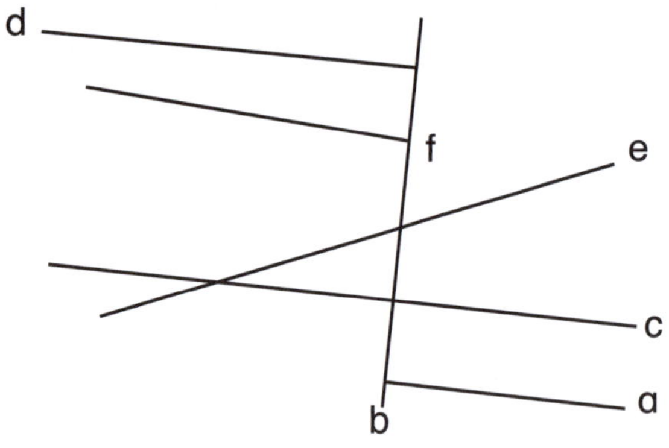

4 Kennzeichne in jeder Figur rechte Winkel. Überprüfe mit dem Faltwinkel.

a)

b)
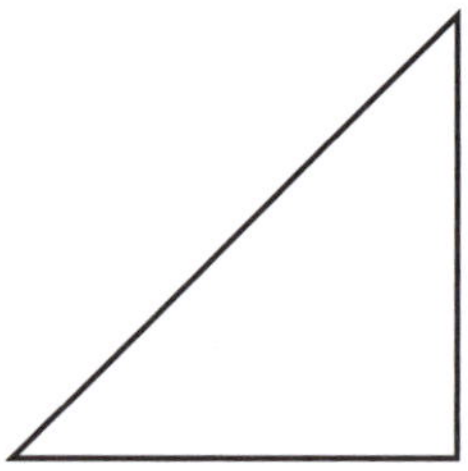

5 Setze das Muster mithilfe des Geodreiecks fort. Gestalte es farbig.

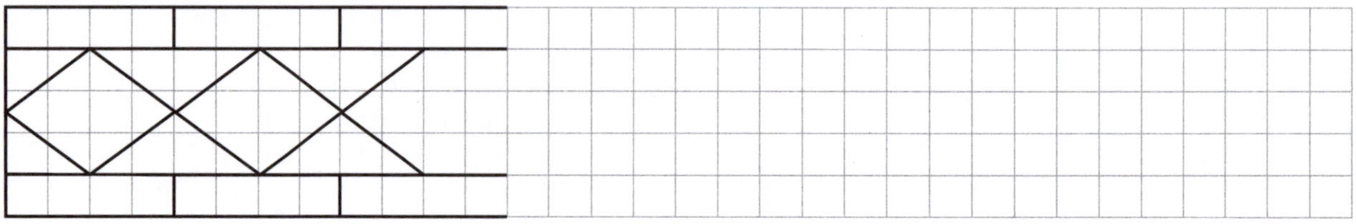

Dreiecke, Vierecke, Kreise

1 Zeichne die Flaggen mit dem Geodreieck nach. Zeichne dazu Rechtecke mit einer Länge von 48 mm und einer Breite von 3 cm.

Frankreich: 

Deutschland: 

Schweden: 

2 Setze fort. Gestalte farbig.

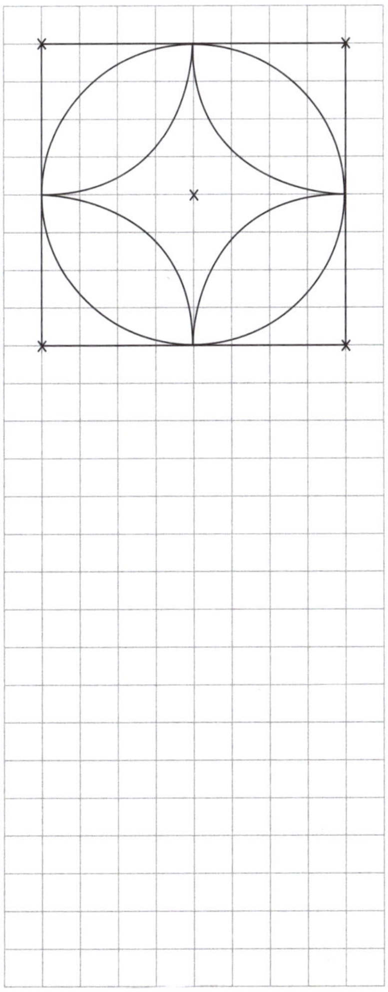

3 Ergänze mit Geodreieck und Zirkel Vierecke, Dreiecke und Kreise, sodass ein Clown entsteht.

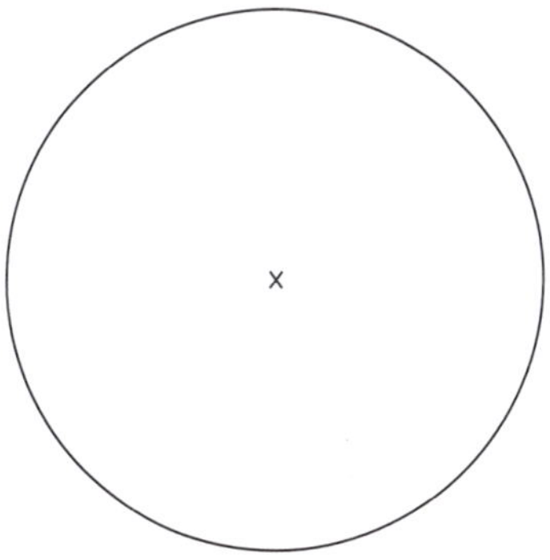

Umfang und Flächeninhalt

1 Wer braucht für sein Zimmer die größte Fläche Teppich? Vergleiche und begründe.

a) Tom

_____ Quadrate

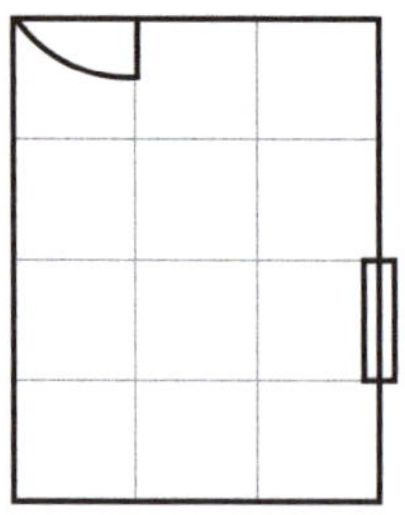

b) Aileen

_____ Quadrate

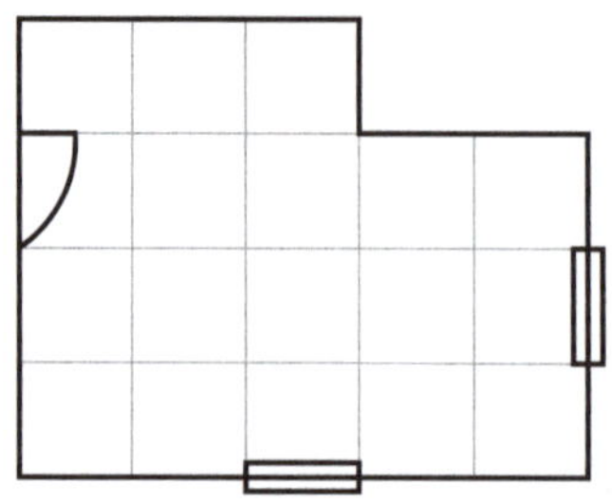

c) Andrea

_____ Quadrate

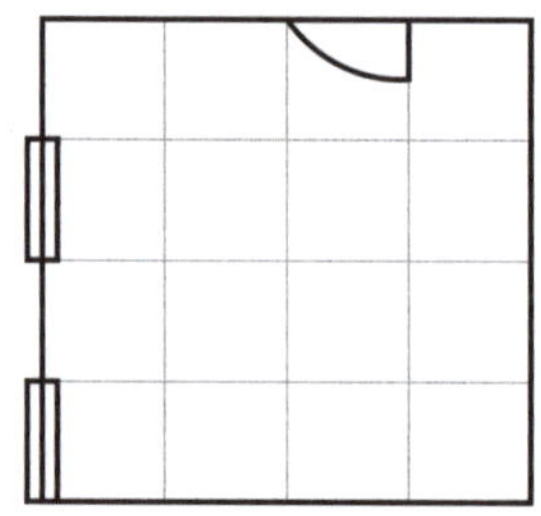

d) Markus

_____ Quadrate

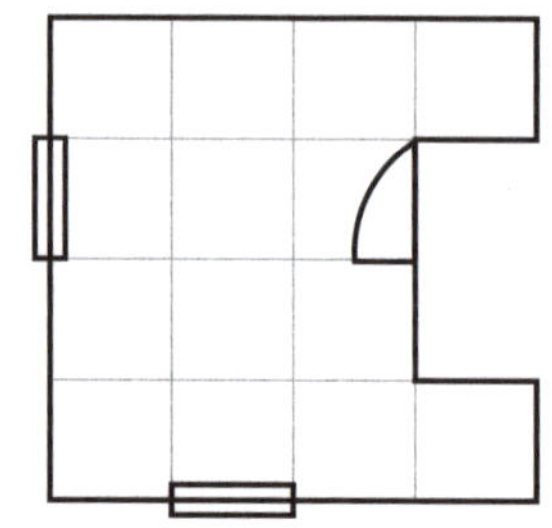

2 Bestimme für jedes Rechteck den Umfang und den Flächeninhalt.

a) Umrande Rechtecke mit dem gleichen Umfang mit der gleichen Farbe.

b) Färbe Rechtecke mit dem gleichen Flächeninhalt mit der gleichen Farbe.

Figur	Umfang Karolängen	Flächeninhalt Anzahl Quadrate
A		
B		
C		
D		
E		
F		

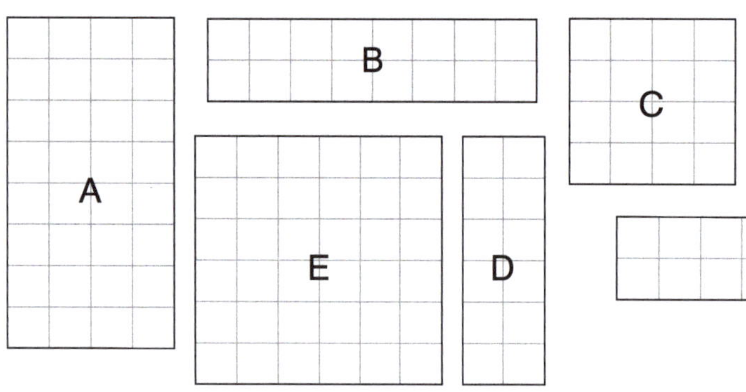

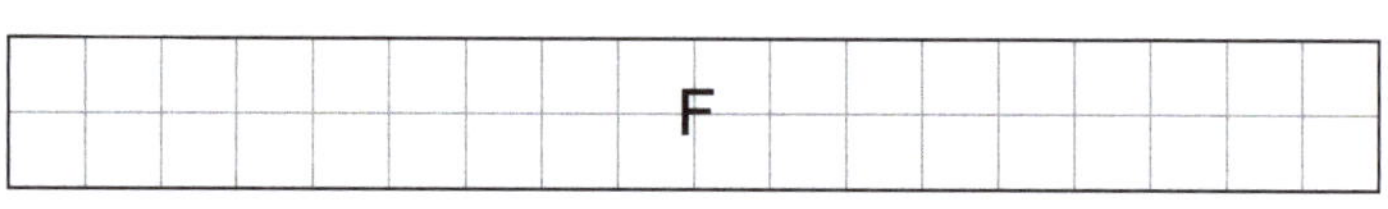

3 a) Ergänze für Figur A:

Flächeninhalt: _____ Heftquadrate

Umfang: _____ Karolängen

b) Zeichne zwei weitere unterschiedliche Rechtecke mit dem gleichen Flächeninhalt wie in Aufgabe a). Ergänze:

Figur B
Umfang: _____ Karolängen

Figur C
Umfang: _____ Karolängen

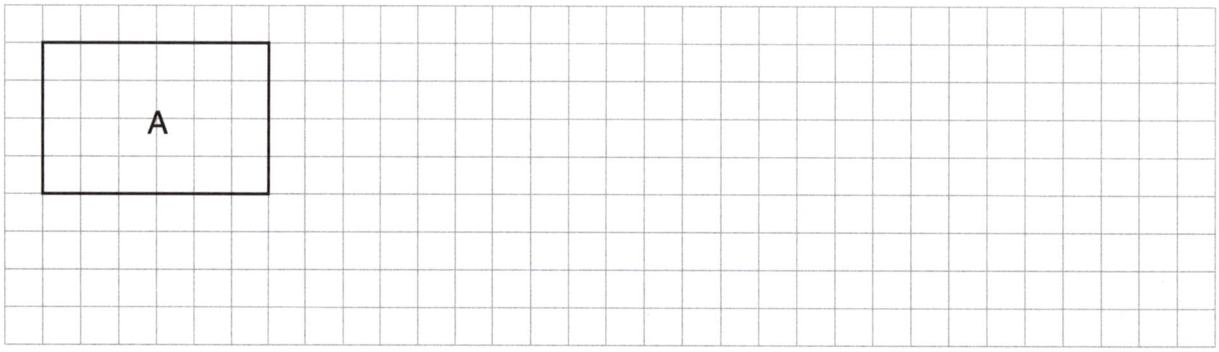

Symmetrie

1 Lexi wollte das Spiegelbild zeichnen. Kreuze die 5 Fehler an.

2 Welche Figuren sind symmetrisch? Kreuze an. Zeichne alle Spiegelachsen rot ein.

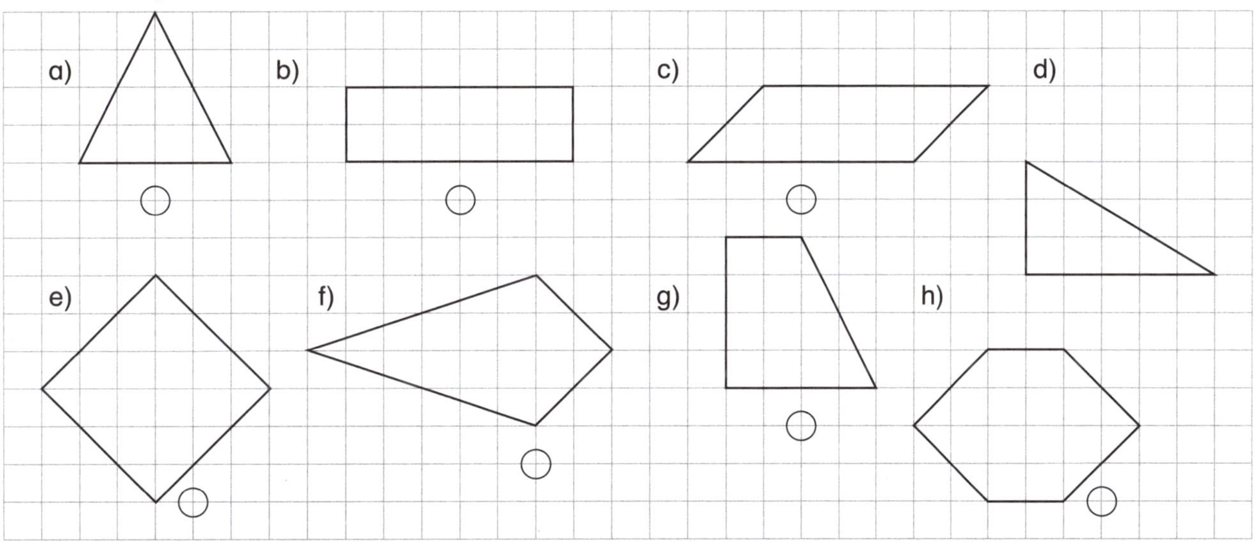

3 Ergänze spiegelbildlich. Male die Figuren aus.

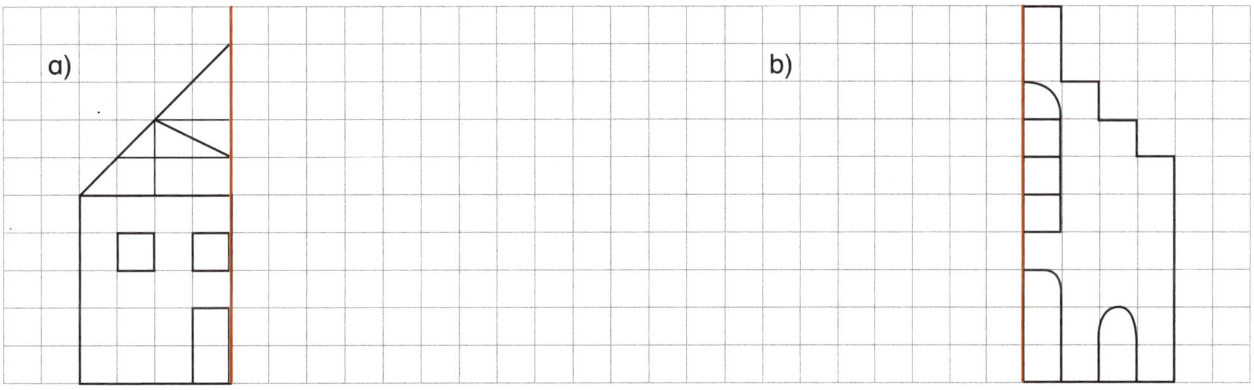

4 Erfinde ein symmetrisches Muster.

Symmetrie

1 Male die Figuren mehrfarbig aus. Ergänze symmetrisch.

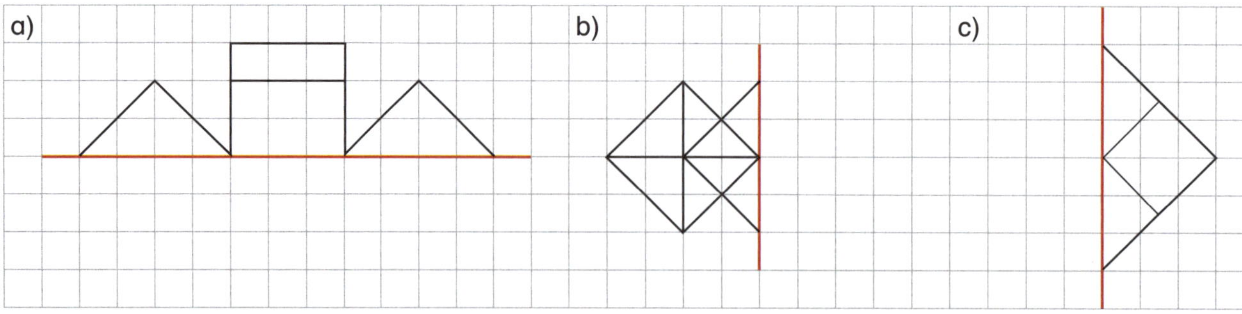

2 Ergänze zu symmetrischen Figuren.

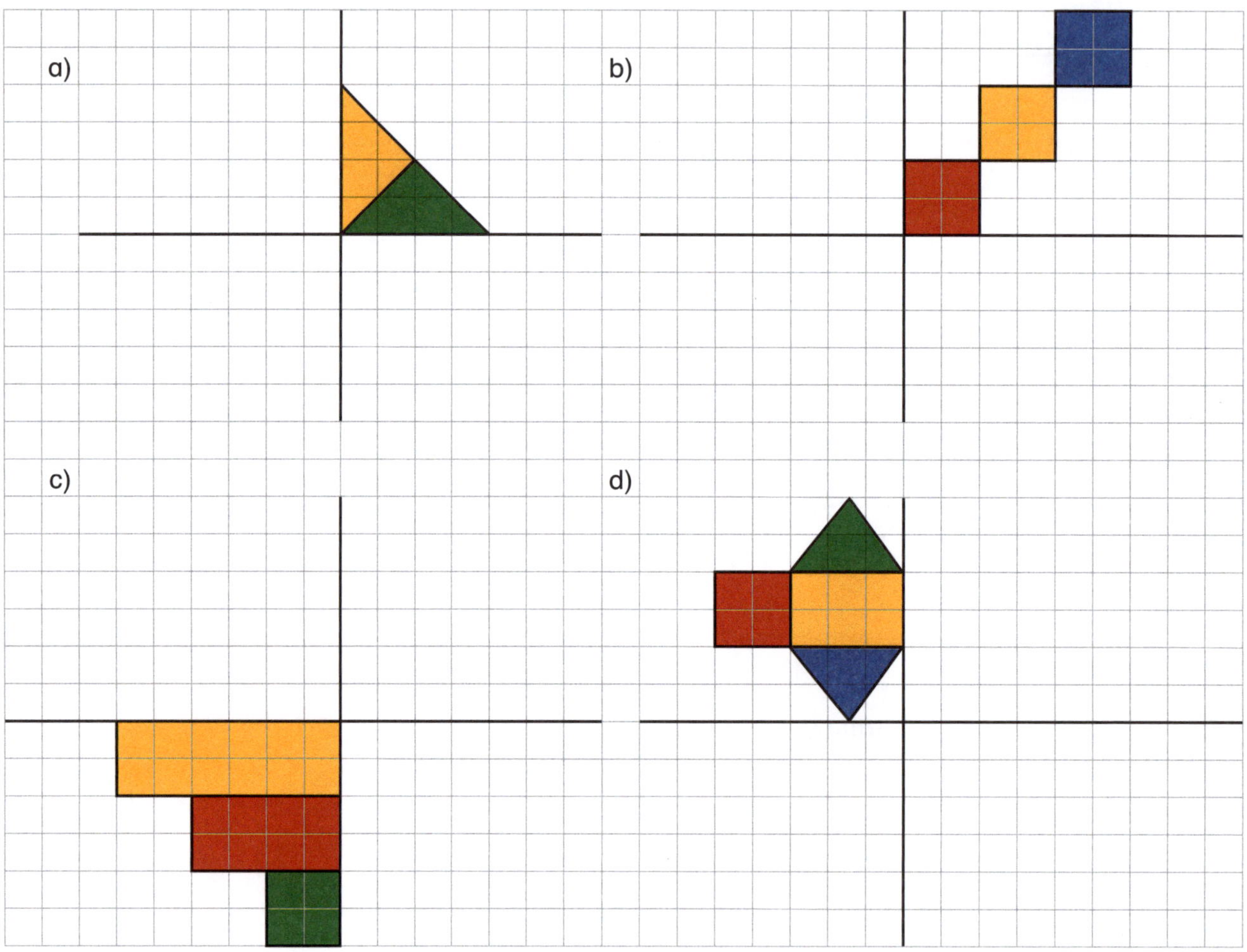

3 Färbe die Figuren so, dass mehrere Spiegelachsen entstehen. Zeichne sie ein.

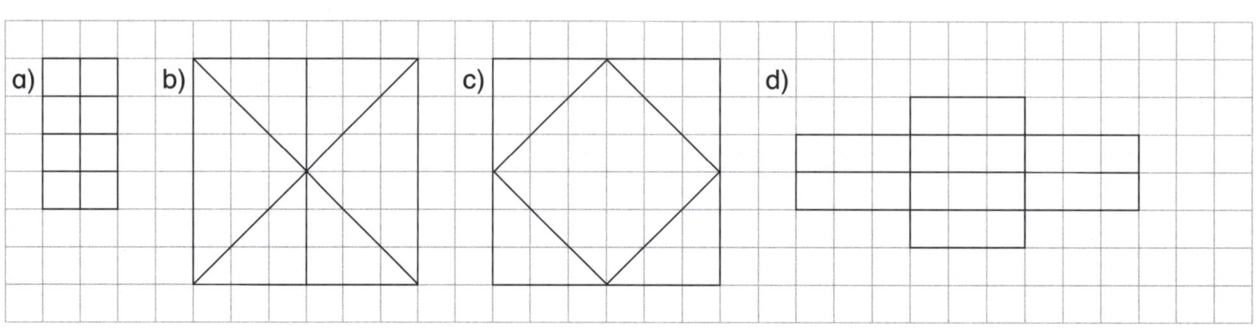

Liter und Milliliter

1 Ordne zu und verbinde.

200 l	150 ml	10 l	3 l	20 ml	250 ml

2 a) Wie viel ml sind im Messbecher? b) Zeichne ein.

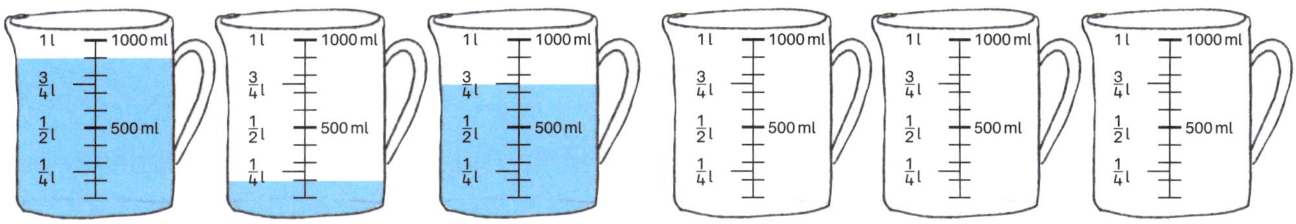

________ ________ ________ 600 ml 1000 ml $\frac{1}{4}$ l

3 Wie viele Becher ergeben 1 l, 2 l, 10 l? Fülle die Tabelle aus.

	Anzahl der Becher für 1 l	Anzahl der Becher für 2 l	Anzahl der Becher für 10 l
Becher mit 500 ml ($\frac{1}{2}$ l)			
Becher mit 250 ml ($\frac{1}{4}$ l)			
Becher mit 125 ml ($\frac{1}{8}$ l)			

4 Ergänze.

a) 200 ml + ____ ml = 1000 ml
250 ml + ____ ml = 1000 ml
400 ml + ____ ml = 1000 ml
750 ml + ____ ml = 1000 ml

b) 150 ml + ____ ml = 1000 ml
50 ml + ____ ml = 1000 ml
680 ml + ____ ml = 1000 ml
820 ml + ____ ml = 1000 ml

c) 125 ml + ____ ml = 1 l
375 ml + ____ ml = 1 l
625 ml + ____ ml = 1 l
875 ml + ____ ml = 1 l

5 Ein Krug fasst 2 l.
Wie viele Becher mit 200 ml können damit gefüllt werden?

____

____

6 Ein Gefäß von $1\frac{1}{2}$ l soll gefüllt werden. Ein Glas fasst 250 ml. Wie viele Gläser braucht man, um das Gefäß zu füllen? Male ein Bild zu der Aufgabe und rechne.

Bild:

Antwort: ____________________________________

____

Kilogramm und Gramm

1 Welche Gewichtsangaben stimmen nicht?
Kreise die Buchstaben ein und du erhältst ein Lösungswort.

Farbe	10 kg	F	Apfelsine	1 g	C
Pferd	30 kg	L	9-jähriges Kind	30 kg	N
Erwachsener	80 kg	A	Brief	20 g	S
Schulranzen	25 kg 100 g	E	Maus	900 g	H
Fußball	3 kg 900 g	I	Auto	75 kg	T
Teller	100 g	D	Tischtennisball	2 g	B

Lösungswort: ______________________________

2 Was wiegt ungefähr so viel? Suche geeignete Dinge und notiere sie in der Tabelle.

1 kg	500 g	250 g	100 g

3 Wie viel wiegen die einzelnen Früchte ungefähr?

Apfel: ____________ g

Birne: ____________ g

Aprikose: ____________ g

Banane: ____________ g

Orange: ____________ g

Nektarine: ____________ g

4 Wie viel g fehlen bis zu 1 kg?

a) 500 g + ______ = 1 kg
750 g + ______ = 1 kg
400 g + ______ = 1 kg
650 g + ______ = 1 kg
880 g + ______ = 1 kg

b) 235 g + ______ = 1 kg
125 g + ______ = 1 kg
625 g + ______ = 1 kg
875 g + ______ = 1 kg
65 g + ______ = 1 kg

5 Wie viel g fehlen bis zu 2 kg?

1 kg 225 g + ______ = 2 kg
1 kg 365 g + ______ = 2 kg
920 g + ______ = 2 kg
195 g + ______ = 2 kg
15 g + ______ = 2 kg

Addieren und subtrahieren bis 1000

1 Male in den angegebenen Farben aus.

410 (rot) 555 (gelb) 630 (grün) 842 (blau)

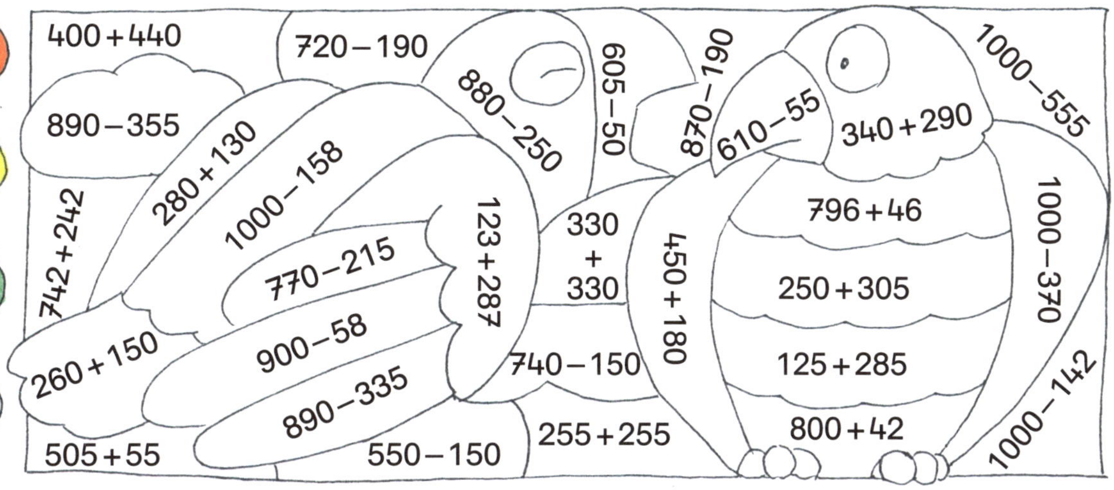

2 Rechne möglichst im Kopf.

a)

+	120	240	360
350			
260			
170			

b)

+	40	70	90
338			
245			
152			

c)

–	140	260	380
880			
770			
550			

3 Rechne schriftlich. Führe zunächst einen Überschlag aus.

a) 234 + 543 Ü: ______
b) 458 + 327 Ü: ______
c) 316 + 279 Ü: ______
d) 567 + 245 Ü: ______
e) 626 + 177 Ü: ______

4 Rechne schriftlich. Führe zunächst einen Überschlag aus.

a) 746 – 513 Ü: ______
b) 693 – 447 Ü: ______
c) 579 – 284 Ü: ______
d) 343 – 157 Ü: ______
e) 604 – 265 Ü: ______

5 Bilde aus den Zahlen Additions- und Subtraktionsaufgaben. Jede Zahl darf nur einmal verwendet werden. Eine Zahl bleibt übrig.

480 956 360 440 910 355 920 596 555 930

☐ + ☐ = ☐
☐ + ☐ = ☐
☐ – ☐ = ☐

Multiplizieren und dividieren bis 1000

1 Rechne wie Lexi.

5 · 80 = ____
5 · 60 = ____
5 · 20 = ____
5 · 40 = ____

2 Wie rechnest du?

a) 6 · 40 = ____
6 · 80 = ____
5 · 70 = ____
5 · 30 = ____

b) 6 · 30 = ____
9 · 30 = ____
7 · 80 = ____
5 · 90 = ____

3 Rechne schrittweise.

a) 6 · 23 = ____
b) 8 · 67 = ____
c) 7 · 77 = ____
d) 8 · 48 = ____

4 Rechne schrittweise.

a) 344 : 4 = ____
b) 688 : 8 = ____
c) 747 : 9 = ____
d) 873 : 9 = ____

5 Rechne möglichst im Kopf.

a) 5 · 22 = ____
5 · 42 = ____
4 · 19 = ____
4 · 39 = ____

b) 5 · 18 = ____
5 · 14 = ____
9 · 13 = ____
9 · 16 = ____

c) 85 : 5 = ____
135 : 5 = ____
280 : 5 = ____
280 : 8 = ____

d) 104 : 4 = ____
450 : 6 = ____
639 : 9 = ____
728 : 8 = ____

(17), (26), (27), (35), (56), (70), (71), (75), (76), (90), (91), (110), (117), (144), (156), (210)

6 An einem Tag wurden 68 Kinderkarten und 60 Erwachsenenkarten verkauft. Zusätzlich wurden noch 9 Gruppenkarten und 8 Familienkarten verkauft. Wie hoch ist die Tageseinnahme?

Hallenbad Welle

Preistafel

Erwachsene	6 €
Kinder (ab 14 Jahre)	3 €
Gruppenkarte (ab 6 Personen)	30 €
Familienkarte	12 €

Vielfache und Teiler

1 a) Trage die Vielfachen von 4 mit blauem Stift in die 100er-Tafel ein.
b) Trage die Vielfachen von 5 mit rotem Stift in die 100er-Tafel ein.
c) Welche Zahlen gehören zu beiden Reihen? Kreise diese Zahlen ein.

1									10
91									100

2 a) Trage die Vielfachen von 6 mit blauem Stift in die 100er-Tafel ein.
b) Trage die Vielfachen von 9 mit rotem Stift in die 100er-Tafel ein.
c) Welche Zahlen gehören zu beiden Reihen? Kreise diese Zahlen ein.

1									10
91									100

3 Fülle die Tabellen aus.

a)

Anzahl	Kaiserbrötchen
1	22 ct = 0,22 €
2	
3	
4	
	110 ct = 1,10 €

b)

Anzahl	Sesambrötchen
1	28 ct =
5	

c)

Anzahl	Vollkornbrötchen
1	
2	70 ct =
5	

4 Auf einem großen Backblech liegen 48 Brötchen. Sie sollen in Tüten verpackt werden. Es sollen keine Brötchen übrig bleiben. Welche Tütengrößen sind möglich? Wie viele Brötchen sind jeweils in einer Tüte?

Addieren, subtrahieren, dividieren und multiplizieren

1

a) 84 + 7 = ____
84 − 7 = ____
84 · 7 = ____
84 : 7 = ____

b) 200 + 4 = ____
200 − 4 = ____
200 · 4 = ____
200 : 4 = ____

c) 120 + 5 = ____
120 − 5 = ____
120 · 5 = ____
120 : 5 = ____

d) 123 + 3 = ____
123 − 3 = ____
123 · 3 = ____
123 : 3 = ____

2 Rechne geschickt.

a) 530 + 80 + 70 = ____
60 + 320 + 80 = ____
290 + 350 + 110 = ____

b) 720 − 60 − 20 = ____
625 − 140 − 25 = ____
560 − 35 − 260 = ____

c) 2 · 15 · 5 = ____
5 · 35 · 2 = ____
43 · 2 · 5 = ____

3

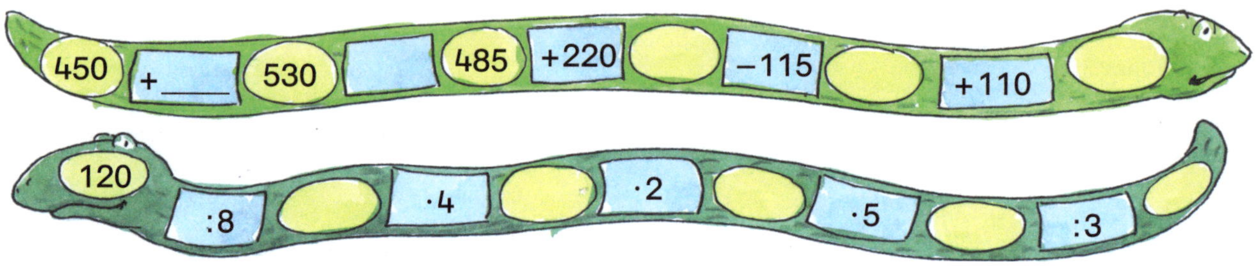

4 Familie Hinze spart für eine Urlaubsreise in die Berge. Sie legen jeden Monat 85 € zur Seite. Wie viel Geld haben sie nach 8 Monaten gespart?

Antwort: ______________________________

____

5 Zahlenrätsel

Das Dreifache von 45.	Der dritte Teil von 450.	Das Doppelte von 450.	Die Hälfte von 450.

6 Vergleiche. Setze <, > oder = ein.

a) 4 · 18 ○ 70
5 · 26 ○ 125
360 : 8 ○ 50

b) 180 : 9 + 5 ○ 26
35 · 5 − 25 ○ 150
637 : 7 + 91 ○ 180

c) 55 + 27 · 5 ○ 55 : 5 + 27
240 − 3 · 25 ○ 240 : 3 − 25
96 − 400 : 8 ○ 400 − 96 : 8

Magische Quadrate

1

	1	
3	5	7
	9	

Magische Zahl: ________

80		60
40		20

Magische Zahl: ________

a) Ergänze die fehlenden Zahlen im linken magischen Quadrat.
b) Welche Art von Zahlen war schon eingetragen? ________________________
c) Die von dir ergänzten Zahlen sind ____________ Zahlen.
d) Ergänze die fehlenden Zahlen im rechten magischen Quadrat.
e) Vergleiche die Zahlen in den beiden magischen Quadraten. Was fällt dir auf?

____

2 a) Ergänze das linke magische Quadrat.
b) Die beiden magischen Quadrate rechts sind aus dem magischen Quadrat links entstanden. Erkläre und ergänze die magischen Zahlen.

4		
	5	
8		6

Magische Zahl: ________

14		
	15	
18		

Magische Zahl: ________

	24	
18		22
23		

Magische Zahl: ________

3 Kreuze nur die Zahlenquadrate an, die „magisch" sind.

a)

5	9	1
8	3	4
2	6	7

☐

b)

40	90	20
30	50	70
80	10	60

☐

c)

10	14	6
13	8	9
7	11	12

☐

d)

120	270	60
90	150	210
240	30	180

☐

Große Zahlen

Zugvögel überwintern in wärmeren Gebieten. Dort finden sie mehr Nahrung. Die Länge ihres Zugweges ist sehr unterschiedlich.

1 Lies die Informationen über die Zugvögel genau durch. Ergänze anschließend die Tabelle.

	Zugvogel	Zugweg (km) ▷ steht für 10 Tausend (10 000) ▷ steht für 1 Tausend (1 000) ▷ steht für 1 Hundert (100)	Zahl
1	Weißstorch	▷	
2			
3			
4			
5			
6			
7			
8			

2 Zugvögel fliegen in verschiedenen Flughöhen. Ordne die Vögel nach der Flughöhe.

Raben: 400 m

Gänse: 9000 m

Streifengänse: 10 000 m

Kraniche: 3000 m

Segler: 2000 m

kleine Zugvögel: 100 m

Zugvogel	Flughöhe
	100 m

Große Zahlen darstellen

1 a) Lies die Zahlen in den Beispielen.
b) Zu welchen Kärtchen passen sie? Verbinde.
c) Was geben die Zahlen an?

1000 bis 4000 | 5000 bis 10000 | größer als 10000

Mammutbäume sollen über 3000 Jahre alt sein.

2 <, > oder =?

a)	b)	c)
20 ◯ 30	13 ◯ 17	1800 ◯ 1900
200 ◯ 300	130 ◯ 170	1500 ◯ 1400
2000 ◯ 3000	1300 ◯ 1700	1600 ◯ 1700

3 Setze die Reihen fort.

a) 1000, 1200, 1400, ____, ____, ____, ____, ____, 2600
b) 1900, 1700, 1500, ____, ____, ____, ____, ____, 300

4

a)	b)	c)
20 + 40 = ____	17 + 2 = ____	30 + 30 = ____
200 + 400 = ____	170 + 20 = ____	300 + 300 = ____
2000 + 4000 = ____	1700 + 200 = ____	3000 + 3000 = ____

5

a)	b)	c)
50 – 30 = ____	19 – 8 = ____	2000 – 1000 = ____
500 – 300 = ____	190 – 80 = ____	200 – 100 = ____
5000 – 3000 = ____	1900 – 800 = ____	20 – 10 = ____

6 Zahlendetektiv: Wie heißt die Zahl?

Die Zahl ist um 300 größer als die Hälfte von 2000.

Die Zahl ist doppelt so groß wie 550.

Umzug in die Klasse 4

Umfrage an der Erich-Kästner-Grundschule:

Welches Haustier hast du?

Katze 𝍸𝍸 |
Wellensittich 𝍸 ||
Fische 𝍸𝍸𝍸 |||
Hund 𝍸𝍸𝍸𝍸 ||
Meerschwein 𝍸𝍸
Kaninchen 𝍸

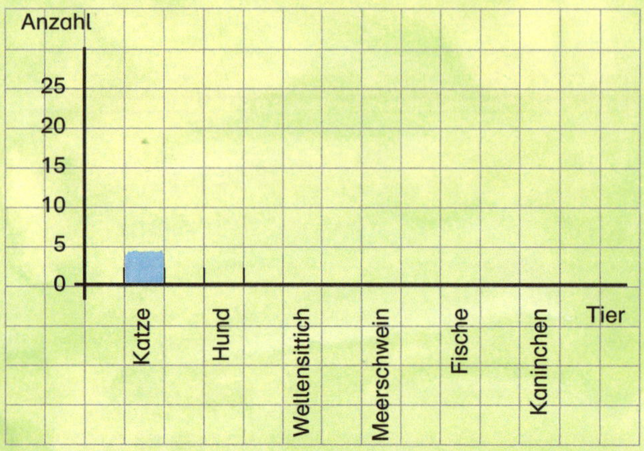

Ü: ______

	6	1	7
+	1	0	2

Ü: ______

	2	9	5
+	3	4	7

Ü: ______

	7	7	9
−	5	7	5

Ü: ______

	8	3	4
−	6	8	8

Würfelnetze

☐ ja ☐ nein

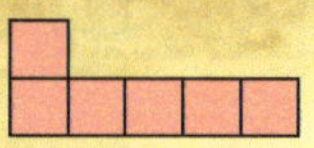

☐ ja ☐ nein

☐ ja ☐ nein

☐ ja ☐ nein

+	30	50	57
40			
200			
240			

−	50	90	91
180			
300			
380			

Kinder-Oper: Hänsel und Gretel

Preise

Kinder: 6 € Erwachsene: 8 €

An einem Tag besuchten 58 Kinder und 41 Erwachsene die Oper.
Wie hoch waren die Tageseinnahmen?

7 · 19 = ______

176 : 8 = ______

9 · 36 = ______

127 : 4 = ______ R